危险化学品安全基础

主　编　刘加奇　祝敬妥
参　编　景　臣　钟　文

南京大学出版社

图书在版编目(CIP)数据

危险化学品安全基础 / 刘加奇，祝敬妥主编. -- 南京：南京大学出版社，2019.8
ISBN 978-7-305-22604-5

Ⅰ. ①危… Ⅱ. ①刘… ②祝… Ⅲ. ①化工产品－危险物品管理－安全管理－技术培训－教材 Ⅳ. ①TQ086.5

中国版本图书馆 CIP 数据核字(2019)第 174163 号

出版发行　南京大学出版社
社　　址　南京市汉口路 22 号　　　　邮　编　210093
出 版 人　金鑫荣

书　　名　危险化学品安全基础
主　　编　刘加奇　祝敬妥
责任编辑　甄海龙　蔡文彬　　　　编辑热线　025－83592146

照　　排　南京南琳图文制作有限公司
印　　刷　南京人文印务有限公司
开　　本　787×1092　1/16　印张 8.5　字数 188 千
版　　次　2019 年 8 月第 1 版　2019 年 8 月第 1 次印刷
ISBN 978-7-305-22604-5
定　　价　25.00 元

网址：http://www.njupco.com
官方微博：http://weibo.com/njupco
官方微信号：njupress
销售咨询热线：(025) 83594756

消防职业技能教育培训教材
编委会

前　言

随着我国经济社会快速发展，各种传统与非传统安全威胁相互交织，公共安全形势日益严峻，而消防救援队伍作为国家综合性常备应急骨干力量，应急救援任务日趋繁重。面对火灾、爆炸、地震和群众遇险等需要应急救援的突发状况，如何提高消防员火灾扑救和应急救援能力，提升消防救援队伍战斗力，促进人才队伍建设，是当前迫切需要解决的问题，也是我们编写本套教材的初衷和目的。

本套教材紧盯新时期消防救援队伍训练实战化需求，遵循职业教育规律和特点，总结了灭火救援、执勤训练和教育培训经验，同时吸收了消防技术新理论、新成果和先进理念。教材编写注重实用、讲求实效，不追求内容的理论深度，而讲求知识的实用性和技能的可操作性，紧密结合灭火救援实战，将相关的知识和技能加以归纳、提炼，使读者既可以系统学习，也可以随用随查，以便于广大消防从业人员查阅、使用，不断提高消防职业技能水平。

本教材由刘加奇、祝敬妥任主编。参加编写的人员有：景臣（第一、二章），刘加奇（第二、四章），祝敬妥（第二、三章），钟文（第二、四章）。

本教材在编写过程中，得到了应急管理部消防救援局和兄弟单位关心和支持，在此一并表示感谢。

由于编写人员水平有限，难免出现错误和不足之处，敬请读者批评指正。

消防职业技能教育培训教材编委会

二〇一八年十二月十六日

目 录

MU LU

第一章 危险化学品概述

DI YI ZHANG

化学物品中具有爆炸、易燃、毒害、腐蚀、放射性等危险性质，并在一定条件下能引起燃烧、爆炸和造成人身伤亡及财产损毁等事故的危险物品统称为危险化学品。

在消防工作中，无论是消防救援还是消防监督，经常会接触到各类危险化学品。因而，研究并掌握各类危险化学品的特性尤为重要。

第一节 危险化学品分类

目前全球已知化学品达 9 300 万种之多，在市场上流通的已超过 10 万种，其中最常用的危险化学品有 3 000 多种。由于这些危险化学品的种类繁多，危险特性各异，为加强在生产、使用、储存、运输、经营等过程中的安全管理，防止危险化学品引起意外事故发生，世界各国、国际组织对危险化学品都进行了分类。这些危险物品性质各异，其危险性也是大小不一，有的极易引起燃烧爆炸，有的则会造成腐蚀毒害，有的还具有多种危险性。为便于管理和采取相应的安全对策，必须对危险化学品进行分类。

目前，危险化学品分类的主要依据是《危险货物分类和品名编号》(GB6944—2012)和《化学品分类和危险性公示通则》(GB13690—2009)。为适应全球化趋势，根据联合国《化学品分类及标记全球协调制度》(GHS)，我国重新编订《化学品分类和危险性公示通则》，将化学品从理化危害、健康危害和环境危害三个方面细分为 26 类：爆炸物、易燃气体、易燃气溶胶、氧化性气体、压力下气体、易燃液体、易燃固体、自反应物质或混合物、自燃液体、自燃固体、自热物质和混合物、遇水放出易燃气体的物质或混合物、氧化性液体、氧化性固体、有机过氧化物、金属腐蚀剂、急性毒性、皮肤腐蚀/刺激、严重眼损伤/眼刺激、呼吸或皮肤过敏、生殖细胞致突变性、致癌性、生殖毒性、特异性靶器官系统毒性——一次接触、特异性靶器官系统毒性——反复接触、危害水生环境。根据联合国《关于危险货物运输的建议书规章范本》，我国的标准《危险货物分类和品名编号》(GB6944—2012)代替相关标准的历次版本，根据危险货物的危险性分为 9 个类别：爆炸品，气体，易燃液体，易燃固体、易于自燃的物质、遇水放出易燃气体的物质，氧化性物质和有机过氧化物，毒性物质和感染性物质，放射性物质，腐蚀性物质，杂项危险物质和物品(包括危害环境物质)。

一、《危险货物分类和品名编号》(GB 6944—2012)的分类

国家标准《危险货物分类和品名编号》(GB 6944—2012)所称的危险货物是指具有爆炸、易燃、毒害、感染、腐蚀、放射性等危险特性，在运输、储存、生产、经营、使用和处置中，容易造成人身伤亡、财产损毁或环境污染而需要特别防护的物质和物品。该标准按危险货物具有的危险性或最主要的危险性将危险货物分为 9 个类别，第 1 类、第 2 类、第 4 类、第 5 类和第 6 类再分成项别。类别和项别分列如下：

(一) 第 1 类　爆炸品

1. 一般规定

(1) 爆炸品包括：

① 爆炸性物质(物质本身不是爆炸品，但能形成气体、蒸气或粉尘爆炸环境者，不列入第 1 类)，不包括那些太危险以致不能运输或其主要危险性符合其他类别的物质；

② 爆炸性物品，不包括下述装置：其中所含爆炸性物质的数量或特性，不会使其在运输过程中偶然或意外被点燃或引发后因迸射、发火、冒烟、发热或巨响而在装置外部产生任何影响；

③ 为产生爆炸或烟火实际效果而制造的①和②中未提及的物质或物品。

(2) 爆炸性物质是指固体或液体物质(或物质混合物)，自身能够通过化学反应产生气体，其温度、压力和速度高到能对周围造成破坏。烟火物质即使不放出气体，也包括在内。

(3) 爆炸性物品是指含有一种或几种爆炸性物质的物品。

2. 项别

第 1 类划分为 6 项：

第 1 项　有整体爆炸危险的物质和物品。整体爆炸是指瞬间能影响到几乎全部载荷的爆炸。

第 2 项　有迸射危险，但无整体爆炸危险的物质和物品。

第 3 项　有燃烧危险并有局部爆炸危险或局部迸射危险或这两种危险都有，但无整体爆炸危险的物质和物品。本项包括满足下列条件之一的物质和物品：

(1) 可产生大量辐射热的物质和物品。

(2) 相继燃烧产生局部爆炸或迸射效应或两种效应兼而有之的物质和物品。

第 4 项　不呈现重大危险的物质和物品。本项包括运输中万一点燃或引发时仅造成较小危险的物质和物品；其影响主要限于包件本身，并预计射出的碎片不大、射程也不远，外部火烧不会引起包件内全部内装物的瞬间爆炸。

第 5 项　有整体爆炸危险的非常不敏感物质：

(1) 本项包括有整体爆炸危险性，但非常不敏感，以致在正常运输条件下引发或由燃烧转为爆炸的可能性极小的物质。

(2) 船舱内装有大量本项物质时，由燃烧转为爆炸的可能性较大。

第 6 项　无整体爆炸危险的极端不敏感物品：

(1) 本项包括仅含有极端不敏感爆炸物质，并且其意外引发爆炸或传播的概率可忽略不计的物品。

(2) 本项物品的危险仅限于单个物品的爆炸。

(二) 第 2 类　气体

1. 一般规定

(1) 本类气体指满足下列条件之一的物质：

① 在 50 ℃时，蒸气压力大于 300 kPa 的物质；

② 20 ℃时在 101.3 kPa 标准压力下完全是气态的物质。

(2) 本类包括压缩气体、液化气体、溶解气体和冷冻液化气体、一种或多种气体与一种或多种其他类别物质的蒸气混合物、充有气体的物品和气雾剂。

① 压缩气体是指在－50 ℃下加压包装供运输时完全是气态的气体，包括临界温度小于或等于－50 ℃的所有气体。

② 液化气体是指在温度大于－50 ℃下加压包装供运输时部分是液态的气体，可分为：

a. 高压液化气体：临界温度在－50 ℃～65 ℃之间的气体；

b. 低压液化气体：临界温度大于 65 ℃的气体。

③ 溶解气体是指加压包装供运输时溶解于液相溶剂中的气体。

④ 冷冻液化气体是指包装供运输时由于其温度低而部分呈液态的气体。

2. 项别

第 2 类分为 3 项。

第 1 项　易燃气体

本项包括在 20 ℃和 101.3 kPa 条件下满足下列条件之一的气体：

① 爆炸下限小于或等于 13%的气体；

② 不论其爆燃性下限如何，其爆炸极限(燃烧范围)大于或等于 12%的气体。

第 2 项　非易燃无毒气体

① 本项包括窒息性气体、氧化性气体以及不属于其他项别的气体；

② 本项不包括在温度 20 ℃时的压力低于 200 kPa，并且未经液化或冷冻液化的气体。

第 3 项　毒性气体

本项包括满足下列条件之一的气体：

① 毒性或腐蚀性对人类健康造成危害的气体；

② 急性半数致死浓度 LC_{50} 值小于或等于 5 000 mL/m^3 的毒性或腐蚀性气体。

注：使雌雄青年大白鼠连续吸入1 h，最可能引起受试动物在14 d内死亡一半的气体的浓度。

（三）第3类　易燃液体

本类包括易燃液体和液态退敏爆炸品。

（1）易燃液体是指易燃的液体或液体混合物，或是在溶液或悬浮液中有固体的液体，其闭杯试验闪点不高于60 ℃，或开杯试验闪点不高于65.6 ℃。易燃液体还包括满足下列条件之一的液体：

① 在温度等于或高于其闪点的条件下提交运输的液体。

② 以液态在高温条件下运输或提交运输，并在温度等于或低于最高运输温度下放出易燃蒸气的物质。

（2）液态退敏爆炸品是指为抑制爆炸性物质的爆炸性能，将爆炸性物质溶解或悬浮在水中或其他液态物质后，而形成的均匀液态混合物。

（四）第4类　易燃固体、易于自燃的物质、遇水放出易燃气体的物质

1. 一般规定

本类包括易燃固体、易于自燃的物质和遇水放出易燃气体的物质。

2. 项别

第1项　易燃固体、自反应物质和固态退敏爆炸品：

① 易燃固体：易于燃烧的固体和摩擦可能起火的固体；

② 自反应物质：即使没有氧气（空气）存在，也容易发生激烈放热分解的热不稳定物质；

③ 固态退敏爆炸品：为抑制爆炸性物质的爆炸性能，用水或酒精湿润爆炸性物质，或用其他物质稀释爆炸性物质后，而形成的均匀固态混合物。

第2项　易于自燃的物质。

本项包括发火物质和自热物质：

① 发火物质　即使只有少量与空气接触，不到5 min时间便燃烧的物质，包括混合物和溶液（液体或固体）；

② 自热物质　发火物质以外的与空气接触便能自己发热的物质。

第3项　遇水放出易燃气体的物质。

本项物质是指遇水放出易燃气体，且该气体与空气混合能够形成爆炸性混合物的物质。

（五）第5类　氧化性物质和有机过氧化物

1. 一般规定

本类包括氧化性物质和有机过氧化物。

2. 项别

第1项　氧化性物质

氧化性物质是指本身未必燃烧，但通常因放出氧可能引起或促使其他物质燃烧的物质。

第2项　有机过氧化物

① 有机过氧化物是指含有过氧基(—O—O—)结构的有机物质。

② 当有机过氧化物配制品满足下列条件之一时，视为非有机过氧化物：

a. 其有机过氧化物的有效氧质量分数(按下式计算)不超过1.0%，而且过氧化氢质量分数不超过1.0%：

$$X = 16 \times \sum \frac{n_i \times c_i}{m_i}$$

式中：X——有效氧含量，以质量分数表示，%；

n_i——有机过氧化物i每个分子的过氧基数目；

c_i——有机过氧化物i的浓度，以质量分数表示，%；

m_i——有机过氧化物i的相对分子质量。

b. 其有机过氧化物的有效氧质量分数不超过0.5%，而且过氧化氢质量分数超过1.0%但不超过7.0%。

③ 有机过氧化物按其危险性程度分为7种类型，从A型到G型：

A型有机过氧化物　装在供运输的容器中时能起爆或迅速爆燃的有机过氧化物配制品。

B型有机过氧化物　装在供运输的容器中时既不能起爆也不迅速爆燃，但在该容器中可能发生热爆炸的具有爆炸性质的有机过氧化物配制品。该有机过氧化物装在容器中的数量最高可达25 kg，但为了排除在包件中起爆或迅速爆燃而需要把最高数量限制在较低数量者除外。

C型有机过氧化物　装在供运输的容器(最多50 kg)内不可能起爆或迅速爆燃或发生热爆炸的具有爆炸性质的有机过氧化物配制品。

D型有机过氧化物　满足下列条件之一，可以接受装在净重不超过50 kg的包件中运输的有机过氧化物配置品：

如果在实验室试验中，部分起爆，不迅速爆燃，在封闭条件下加热时不显示任何激烈效应；如果在实验室试验中，根本不起爆，缓慢爆燃，在封闭条件下加热时不显示激烈效应；如果在实验室试验中，根本不起爆或爆燃，在封闭条件下加热时显示中等效应。

E型有机过氧化物　在实验室试验中，既不起爆也不爆燃，在封闭条件下加热时只显示微弱效应或无效应，可以接受装在不超过400 kg或450 L的包件中运输的有机过氧化物配制品。

F型有机过氧化物　在实验室试验中，既不在空化状态下起爆也不爆燃，在封闭状态下加热时只显示微弱效应或无效应，并且爆炸力弱或无爆炸力的，可考虑用中型散货箱或罐体运输的有机过氧化物配制品。

G型有机过氧化物　在实验室试验中，既不在空化状态下起爆也不爆燃，在封闭条件下加热时不显示任何效应，并且没有任何爆炸力的有机过氧化物配制品，应免于被划入5.2项，但配制品应是热稳定的(50 kg包件的自加速分解温度为60 ℃或更高)，液态配制品应使用A型稀释剂退敏。

如果配制品不是热稳定的，或者用A型稀释剂以外的稀释剂退敏，配制品应定为F型有机过氧化物。

(六) 第6类　毒性物质和感染性物质

1. 一般规定

本类包括毒性物质和感染性物质。

2. 项别

第1项　毒性物质

① 毒性物质是指经吞食、吸入或与皮肤接触后可能造成死亡或严重受伤或损害人类健康的物质。

② 本项包括满足下列条件之一的毒性物质(固体或液体)：

a. 急性口服毒性 $LD_{50} \leqslant 300$ mg/kg；

> 注:青年大白鼠口服后，最可能引起受试动物在14d内死亡一半的物质剂量，试验结果以mg/kg体重表示。

b. 急性皮肤接触毒性 $LD_{50} \leqslant 1\,000$ mg/kg；

> 注:使白兔的裸露皮肤持续接触24 h，最可能引起受试动物在14 d内死亡一半的物质剂量，试验结果以mg/kg体重表示。

c. 急性吸入粉尘和烟雾毒性 $LC_{50} \leqslant 4$ mg/L；

d. 急性吸入蒸气毒性 $LC_{50} \leqslant 5\,000$ mL/m^3，且在20 ℃和标准大气压力下的饱和蒸汽浓度大于或等于 $1/5LC_{50}$。

> 注:使雌雄青年大白鼠连续吸入1 h，最可能引起受试动物在14 d内死亡一半的蒸气、烟雾或粉尘的浓度，固态物质如果其总质量的10%以上是在可吸入范围的粉尘(即粉尘粒子的空气动力学直径 $\leqslant 10$ μm)应进行试验，液态物质如果在运输密封装置泄漏时可能产生烟雾，应进行试验。不管是固态物质还是液态物质，准备用于吸入毒性试验的样品的90%以上(按质量计算)应在上述规定的可吸入范围。对粉尘和烟雾，试验结果以mg/L表示；对蒸气，试验结果以 mL/m^3 表示。

第2项　感染性物质

① 感染性物质是指已知或有理由认为含有病原体的物质。

② 感染性物质分为A类和B类：

A类　以某种形式运输的感染性物质，在与之发生接触(发生接触，是在感染性物质泄露到保护性包装之外，造成与人或动物的实际接触)时，可造成健康的人或动物永久性致残、生命危险或致命疾病。

B类　A类以外的感染性物质。

（七）第7类　放射性物质

放射性物质是指放射性比活度大于 7.4×10^4 Bq/kg 的物品。

（八）第8类　腐蚀性物质

腐蚀性物质是指通过化学作用使生物组织接触时造成严重损伤或在渗漏时会严重损害甚至毁坏其他货物或运载工具的物质。本类包括满足下列条件之一的物质：

1. 使完好皮肤组织在暴露超过60 min、但不超过4h之后开始的最多14 d观察期内全厚度毁损的物质；

2. 被判定不引起完好皮肤组织全厚度毁损，但在55 ℃试验温度下，对钢或铝的表面腐蚀率超过6.25 mm/a的物质。

（九）第9类　杂项危险物质和物品，包括危害环境物质

1. 本类是指存在危险但不能满足其他类别定义的物质和物品，包括：

（1）以细微粉尘吸入可危害健康的物质；

（2）会放出易燃气体的物质；

（3）锂电池组；

（4）救生设备；

（5）一旦发生火灾可形成二噁英的物质和物品；

（6）在高温下运输或提交运输的物质，是指在液态温度达到或超过100 ℃，或固态温度达到或超过240 ℃条件下运输的物质；

（7）危害环境物质，包括污染水生环境的液体或固体物质，以及这类物质的混合物（如制剂和废物）；

（8）不符合第6类第1项毒性物质或第6类第2项项感染性物质定义的经基因修改的微生物和生物体。

2. 危害水生环境物质的分类

物质满足表1-1-1所列急性1、慢性1或慢性2的标准，应列为“危害环境物质（水生环境）”。

表1-1-1　危害水生环境物质的分类

<table>
<tr><td rowspan="3">急性（短期）水生危害[a]</td><td colspan="3">慢性（长期）水生危害[b]</td></tr>
<tr><td colspan="2">已掌握充分的慢毒性资料</td><td rowspan="2">没有掌握充分的慢毒性资料[a]</td></tr>
<tr><td>非快速降解物[c]</td><td>快速降解物质[c]</td></tr>
<tr><td>类别：急性1</td><td>类别：慢性1</td><td>类别：慢性1</td><td>类别：慢性1</td></tr>
<tr><td>LC_{50}（或 EC_{50}）[d] ≤ 1.00</td><td>NOEC（或 EC_x）≤ 0.1</td><td>NOEC（或 EC_x）≤ 0.01</td><td>LC_{50}（或 EC_{50}）[d] ≤ 1.00，并且该物质满足下列条件之一：
（1）非快速降解物质
（2）BCF≥500，如没有该数值，$\lg K_{ow}\geq4$</td></tr>
</table>

（续表）

急性（短期）水生危害[a]	慢性（长期）水生危害[b]		
	已掌握充分的慢毒性资料		没有掌握充分的慢毒性资料[a]
	非快速降解物[c]	快速降解物质[c]	
—	类别：慢性 2	类别：慢性 2	类别：慢性 2
—	0.1＜NOEC（或 EC_x）≤1	0.01＜NOEC（或 EC_x）≤0.1	1.0＜LC_{50}（或 EC_{50}）[d]≤10.0，并且该物质满足下列条件之一： （1）非快速降解物质 （2）BCF≥500，如没有该数值，$\lg K_{ow}$≥4

注：BCF 是指生物富集系数；

EC_x 是指产生 x%反应的浓度，单位为 mg/L；

EC_{50}是指造成 50%最大反应的物质有效浓度，单位为 mg/L；

E_rC_{50}足指在减缓增长上的 EC_{50}，单位为 mg/L；

K_{ow}是指辛醇溶液分配系数；

LC_{50}（50%致命浓度）是指物质在水中造成一组试验动物 50%死亡的浓度，单位为 mg/L；

NOEC（无显见效果浓度）是指试验浓度刚好低于产生在统计上有效的有害影响的最低测得浓度。NOEC 不产生在统计上有效的应受管制的有害影响。NOEC 单位为 mg/L。

a. 以鱼类、甲壳纲动物，和或藻类或其他水生植物的 LC_{50}（或 EC_{50}）数值为基础的急性毒性范围。

b. 物质按不同的慢毒性分类，除非掌握所有三个营养水平的充分的慢毒性数据，在水溶性以上或 lmg/L。

c. 慢性毒性范围以鱼类或甲壳纲动物的 NOEC 或等效的 EC_x 数值，或其他公认的慢毒性标准为基础。

d. LC_{50}（或 EC_{50}）分别指 96h LC_{50}（对鱼类）、48h EC_{50}（对甲壳纲动物），以及 72h 或 96h E_rC_{50}（对藻类或其他水生植物）。

二、《化学品分类和危险性公示通则》（GB 13690—2009）的分类

2009 年我国制定的《化学品分类和危险性公示通则》（GB 13690—2009）标准对化学品按理化危险、健康危险、环境危险三个方面将危险化学品进行分类。按理化危险分为 16 类，按健康危险分为 9 类，环境危害分为 1 类。具体分类如下：

（一）理化危险

1. 爆炸物

爆炸物质（或混合物）是一种固态或液态物质（或物质的混合物），其本身能够通过化学反应产生气体，而产生气体的温度、压力和速度能对周围环境造成破坏。其中也包括发火物质，即使它们不放出气体。

发火物质（或发火混合物）是一种物质或物质的混合物，通过非爆炸自身放热化学反应产生的热、光、声、气体、烟或所有这些的组合来产生效应。

爆炸性物品是含有一种或多种爆炸性物质或混合物的物品。

烟火物品是包含一种或多种发火物质或混合物的物品。

爆炸物种类包括：

(1) 爆炸性物质和混合物。

(2) 爆炸性物品，但不包括下述装置：其中所含爆炸性物质或混合物由于其数量或特性，在意外或偶然点燃或引爆后，不会由于迸射、发火、冒烟、发热或巨响而在装置之外产生任何效应。

(3) 在(1)和(2)中未提及的为产生实际爆炸或烟火效应而制造的物质、混合物和物品。

2. 易燃气体

易燃气体是在 20 ℃和 101.3 kPa 标准压力下，与空气有易燃范围的气体。

3. 易燃气溶胶

气溶胶是指气溶胶喷雾罐，系任何不可重新灌装的容器，该容器由金属、玻璃或塑料制成，内装强制压缩、液化或溶解的气体，包含或不包含液体、膏剂或粉末，配有释放装置，可使所装物质喷射出来，形成在气体中悬浮的固态或液态微粒或形成泡沫、膏剂或粉末或处于液态或气态。

4. 氧化性气体

氧化性气体是一般通过提供氧气，比空气更能导致或促使其他物质燃烧的任何气体。

5. 压力下气体

压力下气体是指高压气体在压力等于或大于 200 kPa(表压)下装入贮器的气体，或是液化气体或冷冻液化气体。

压力下气体包括压缩气体、液化气体、溶解液体、冷冻液化气体。

6. 易燃液体

易燃液体是指闪点不高于 93 ℃的液体。

7. 易燃固体

易燃固体是容易燃烧或通过摩擦可能引燃或助燃的固体。

易于燃烧的固体为粉状、颗粒状或糊状物质，它们在与燃烧着的火柴等火源短暂接触即可点燃和火焰迅速蔓延的情况下，都非常危险。

8. 自反应物质或混合物

自反应物质或混合物是即使没有氧(空气)也容易发生激烈放热分解的热不稳定液态或固态物质或者混合物。但不包括根据统一分类制度分类为爆炸物、有机过氧化物或氧化性物质的物质和混合物。

自反应物质或混合物如果在实验室试验中其组分容易起爆、迅速爆燃或在封闭条件下加热时显示剧烈效应，应视为具有爆炸性质。

9. 自燃液体

自燃液体是即使数量小也能在与空气接触后 5 min 之内引燃的液体。

10. 自燃固体

自燃固体是即使数量小也能在与空气接触后 5 min 之内引燃的固体。

11. 自热物质和混合物

自热物质是发火液体或固体以外，与空气反应不需要能源供应就能够自己发热的固体或液体物质或混合物；这类物质或混合物与发火液体或固体不同，因为这类物质只有数量很大（公斤级）并经过长时间（几小时或几天）才会燃烧。

注：物质或混合物的自热导致自发燃烧是由于物质或混合物与氧气（空气中的氧气）发生反应并且所产生的热没有足够迅速地传到外界而引起的，当热产生的速度超过热损耗的速度而达到自燃温度时，自燃便会发生。

12. 遇水放出易燃气体的物质或混合物

遇水放出易燃气体的物质或混合物是通过与水作用，容易具有自燃性或放出危险数量的易燃气体的固态或液态物质或混合物。

13. 氧化性液体

氧化性液体是本身未必燃烧，但通常因放出氧气可能引起或促使其他物质燃烧的液体。

14. 氧化性固体

氧化性固体是本身未必燃烧，但通常因放出氧气可能引起或促使其他物质燃烧的固体。

15. 有机过氧化物

有机过氧化物是含有—O—O—结构的液态或固态有机物质，可以看作是一个或两个氢原子被有机基替代的过氧化氢衍生物。有机过氧化物是热不稳定物质或混合物，容易放热自加速分解。另外，它们可能具有下列一种或几种性质：

① 易于爆炸分解；

② 迅速燃烧；

③ 对撞击或摩擦敏感；

④ 与其他物质发生危险反应。

如果有机过氧化物在实验室试验中，在封闭条件下加热时组分容易爆炸、迅速爆燃或表现出剧烈效应，则可认为它具有爆炸性质。

16. 金属腐蚀剂

腐蚀金属的物质或混合物是通过化学作用显著损坏或毁坏金属的物质或混合物。

（二）健康危险

1. 急性毒性

急性毒性是指在单剂量或在 24 h 内多剂量口服或皮肤接触一种物质，或吸入接

触 4 h 之后出现的有害效应。

2. 皮肤腐蚀/刺激

皮肤腐蚀是对皮肤造成不可逆损伤：即施用试验物质达到 4 h 后，可观察到表皮和真皮坏死。

腐蚀反应的特征是溃疡、出血、有血的结痂，而且在观察期 14 d 结束时，皮肤、完全脱发区域和结痂处由于漂白而褪色。应考虑通过组织病理学来评估可疑的病变。

皮肤刺激是施用试验物质达到 4 h 后对皮肤造成可逆损伤。

3. 严重眼损伤/眼刺激

严重眼损伤是在眼前部表面施加试验物质之后，对眼部造成在施用 21 d 内并不完全可逆的组织损伤，或严重的视觉物理衰退。

眼刺激是在眼前部表面施加试验物质之后，在眼部产生在施用 21 d 内完全可逆的变化。

4. 呼吸或皮肤过敏

呼吸过敏物是吸入后会导致气管过敏反应的物质。皮肤过敏物是皮肤接触后会导致过敏反应的物质。

过敏包含两个阶段：第一个阶段是某人因接触某种变应原而引起特定免疫记忆；第二阶段是引发，即某一致敏个人因接触某种变应原而产生细胞介导或抗体介导的过敏反应。

就呼吸过敏而言，随后为引发阶段的诱发，其形态与皮肤过敏相同。对于皮肤过敏，需有一个让免疫系统能学会做出反应的诱发阶段；此后，可出现临床症状，这时的接触就足以引发可见的皮肤反应（引发阶段）。因此，预测性的试验通常取这种形态，其中有一个诱发阶段，对该阶段的反应则通过标准的引发阶段加以计量，典型做法是使用斑贴试验。直接计量诱发反应的局部淋巴结试验则是例外做法。人体皮肤过敏的证据通常通过诊断性斑贴试验加以评估。

就皮肤过敏和呼吸过敏而言，对于诱发所需的数值一般低于引发所需数值。

5. 生殖细胞致突变性

本危险类别涉及的主要是可能导致人类生殖细胞发生可传播给后代的突变的化学品。但是，在本危险类别内对物质和混合物进行分类时，也要考虑活体外致突变性/生殖毒性试验和哺乳动物活体内体细胞中的致突变性/生殖毒性试验。

6. 致癌性

致癌物是指可导致癌症或增加癌症发生率的化学物质或化学物质混合物。在实施良好的动物实验性研究中诱发良性和恶性肿瘤的物质也被认为是假定的或可疑的人类致癌物，除非有确凿证据显示该肿瘤形成机制与人类无关。

产生致癌危险的化学品的分类基于该物质的固有性质，并不提供关于该化学品的使用可能产生的人类致癌风险水平的信息。

7. 生殖毒性

生殖毒性包括对成年雄性和雌性性功能和生育能力的有害影响,以及在后代中的发育毒性。

生殖毒性细分为两个主要方面:

① 对性功能和生育能力的有害影响;

② 对后代发育的有害影响。

有些生殖毒性效应不能明确地归因于性功能和生育能力受损害或者发育毒性。尽管如此,具有这些效应的化学品将划为生殖有毒物并附加一般危险说明。

(1) 对性功能和生殖能力的有害影响

化学品干扰生殖能力的任何效应。这可能包括(但不限于)对雌性和雄性生殖系统的改变,对青春期的开始、配子产生和输送、生殖周期正常状态、性行为、生育能力、分娩怀孕结果的有害影响,过早生殖衰老,或者对依赖生殖系统完整性的其他功能的改变。

对哺乳期的有害影响或通过哺乳期产生的有害影响也属于生殖毒性的范围,但为了分类目的,对这样的效应进行了单独处理。这是因为对化学品对哺乳期的有害影响最好进行专门分类,这样就可以为处于哺乳期的母亲提供有关这种效应的具体危险警告。

(2) 对后代发育的有害影响

从其最广泛的意义上来说,发育毒性包括在出生前或出生后干扰孕体正常发育的任何效应,这种效应的产生是由于受孕前父母一方的接触,或者正在发育之中的后代在出生前或出生后性成熟之前这一期间的接触。但是,发育毒性下的分类主要是为了为怀孕女性和有生殖能力的男性和女性提出危险警告。因此,为了务实的分类目的,发育毒性实质上是指怀孕期间引起的有害影响,或父母接触造成的有害影响。这些效应可在生物体生命周期的任何时间显现出来。

发育毒性的主要表现包括:

① 发育中的生物体死亡;

② 结构异常畸形;

③ 生长改变;

④ 功能缺陷。

8. 特异性靶器官系统毒性——一次接触

由一次接触产生特异性的,非致死性靶器官系统毒性的物质,包括产生即时的和/或迟发的,可逆性和不可逆性功能损害的各种明显的健康效应。

特定靶器官毒性可能以与人类有关的任何途径发生,即主要以口服、皮肤接触或吸入途径。

9. 特异性靶器官系统毒性——反复接触

由反复接触而引起特异性的非致死性靶器官系统毒性的物质,包括能够引发即

时的和/或迟发的、可逆性和不可逆性功能损害的各种明显的健康效应。

特定靶器官/毒性可能以与人类有关的任何途径发生，即主要以口服、皮肤接触或吸入途径发生。

（三）环境危险

危害水生环境。

第二节　危险化学品标识

为便于危险化学品的生产、储存、运输、使用和经营销售的安全管理，有利于使用和查找，应当对危险物品进行统一标识，其中最为常用的是危险物品的标志和标签。

一、危险化学品标志

为便于对危险化学品危险性的确认，危险化学品在储存、运输中必须在明显位置悬挂相应标志。其中《道路运输危险货物车辆标志》(GB13392—2005)规定危险货物车辆悬挂的标志牌共有18个，具体标志图形、名称详见附录。

二、危险化学品标签

标签是用于标示化学品所具有的危险性和安全注意事项的一组文字、象形图和编码组合，它可以粘贴、挂栓或喷印在化学品的外包装或容器中。

按《化学品安全标签编写规定》(GB15258—2009)，标签主要包括以下内容：

1. 化学品标识

用中文和英文分别标明化学品的化学名称或通用名称。名称要求醒目清晰，位于标签的上方。名称应与化学品安全技术说明书中的名称一致。混合物应标出对其危险性分类有贡献的主要组分的化学名称或通用名、浓度或浓度范围。当需要标出的组分较多时，组分个数以不超过5个为宜。对于属于商业机密的成分可以不标明，但应列出其危险性。

2. 象形图

象形图是一种图形结构，它包括一个符号加上其他图形要素，如边界、背景图案或颜色，意在传达具体信息(表1-2-1)。

表 1-2-1　危险化学品标签象形图

对于健康危害,按照以下先后顺序:如果使用了骷髅和交叉骨图形符号,则不应出现感叹号图形符号;如果使用了腐蚀图形符号,则不应出现感叹号来表示皮肤或眼睛刺激;如果使用了呼吸致敏物的健康危害图形符号,则不应出现感叹号来表示皮肤致敏物或者皮肤/眼睛刺激。

3. 信号词

根据化学品的危险程度和类别,用"危险"、"警告"两个词分别进行危害程度的警示。信号词位于化学品名称的下方,要求醒目、清晰。

存在多种危险性时,如果在安全标签上选用了信号词"危险",则不应出现信号词"警告"。

4. 危险性说明

简要概述化学品的危险特性。居信号词下方。

所有危险性说明都应当出现在安全标签上,按物理危险、健康危害、环境危害顺序排列。

5. 防范说明

表述化学品在处置、搬运、储存和使用作业中所必须注意的事项和发生意外时简单有效的救护措施等,要求内容简明扼要、重点突出。该部分应包括安全预防措施、意外情况(如泄漏、人员接触或火灾等)的处理、安全储存措施及废弃处置等内容。

6. 供应商标识

供应商名称、地址、邮编和电话等。

7. 应急咨询电话

填写化学品生产商或生产商委托的 24 h 化学事故应急咨询电话。国外进口化学品安全标签上应至少有一家中国境内的 24 h 化学事故应急咨询电话。

8. 资料参阅提示语

提示化学品用户应参阅化学品安全技术说明书。

对于小于或等于 100 mL 的化学品小包装，为方便标签使用，安全标签要素可以简化，包括化学品标识、象形图、信号词、危险性说明、应急咨询电话、供应商名称及联系电话、资料参阅提示语即可。

第三节 危险化学品常见反应

在危险化学品的生产、储存、运输和使用过程中，因环境条件的改变，可能会发生不同的化学反应。其中，有些反应过程中释放热量，产生易燃易爆或有毒有害气体，危险性大，极易造成危害。

一、与空气反应

有些危险化学品接触空气后，与空气中的氧气发生氧化反应，反应过程中释放大量热量，会引发火灾和爆炸事故。

1. 氧化作用引发燃烧爆炸

黄磷、磷化氢、三烷基铝等危险化学品露置于空气中，极易被氧化。由于氧化反应热的作用，一遇空气立即自燃。金属钠、钾和镁粉、铝粉等，在空气中极易与氧气作用引发燃烧，镁粉、铝粉等在空气中达到一定浓度时，遇着火源还会发生爆炸。有些危险品与空气发生反应，虽然物品本身不可燃，但放出的氧化热则会引燃附近的可燃物。

2. 反应生成过氧化物

露置于空气中的乙醚、二乙烯基乙炔、氨基钠等有机物，易与空气中的氧发生氧化反应，形成稳定性差、易爆炸的有机过氧化物，在储运过程中，受撞击、受热等因素影响极易引发爆炸。

二、与水反应

危险化学品中，有些遇水或受潮时与水发生剧烈反应，放出热量。如果接触或邻近有可燃物质，则会引发燃烧爆炸。由于化学组成有所不同，各种遇水反应危险化学品与水相互作用时，反应的剧烈程度以及反应产物也有所不同。

1. 反应中放出热量，产生易燃易爆气体

危险化学品在与水反应过程中放出热量，并产生具有燃烧爆炸特性的气体，这是大多危险化学品遇水反应所表现出的共同特征。具有该反应特征的物品主要包括：(1) 钠、钾、钠汞齐等活泼金属及其合金，反应中放出热量和氢气；(2) 氢化钾、氢化锂等金属氢化物类，反应中放出热量和氢气；(3) 碳化钙等金属碳化物类，反应中放出热量，生成低级气态烃；(4) 磷化钙、磷化铝等金属磷化物类，遇水或受潮后放出热量，生成磷化氢气体；(5) 硫化钠、硫化铵等硫化物类，遇水或受潮后放出热量，生成硫化氢气体。

2. 反应中放出热量，产生有毒有害气体

金属磷化物、硫化物与水相互作用产生的磷化氢和硫化氢气体不但易燃易爆，而且具有强烈毒害性，尤其是磷化氢属剧毒物品。此外，遇水反应且具有这一特征的危险品还包括：(1) 氰化钠等金属氰化物类，与水作用放出热量，生成剧毒的氰化氢气体；(2) 三氯化磷、氯化氰和氯磺酸等卤化物类，反应中放出热量，生成有毒害性的卤化氢气体。

3. 反应中放出热量，产生助燃性气体

与水作用具有这一反应特征的危险化学品最为典型的是过氧化物，如过氧化钾、过氧化钠、过氧化乙酰等。它们遇水能剧烈反应，放出大量的热和有助燃性的氧气。此外，氟、氯及漂粉精也都能与水作用，放出热量，并产生氧气。

三、分解反应

分解反应大多是吸热反应，但也有些危险化学品能发生分解放热反应。在反应热的作用下，导致反应失控和爆炸。

1. 爆炸物分解引起爆炸

雷汞、乙炔银、梯恩梯等爆炸物在受热、震动或撞击等情况下，发生分解放热反应。由于产生气体和反应热的作用，导致密闭容器破裂，引起爆炸。

2. 气体分解反应引起爆炸

有些可燃气体在没有助燃气体的情况下，也会因气体自身分解引发爆炸，如乙炔、乙烯、环氧乙烷、乙烯基乙炔等。这些气体的压力越高，越易引起分解爆炸，需要的点火能越小。

3. 分解反应引起自燃

分解反应引起自燃是由于分解热蓄积所致。如硝化棉化学稳定性差，分解产生微量的一氧化氮在空气中被氧化为二氧化氮。二氧化氮对硝化棉分解有催化作用，最终导致自燃。赛璐珞及其制品也很易发生分解自燃。

四、聚合反应

合成高分子化合物是由小分子单体聚合而成。单体聚合时会放出热量，并使反应加速，生成更多的反应热，导致反应失控，发生爆炸事故。这类反应不仅仅是发生在化工生产中的聚合反应设备中，还可能在易自聚单体的贮罐中发生。如无水氢氰酸，在阻聚剂存在下是安定的，但没有阻聚剂时则会聚合放热。若达到 180 ℃，则发生爆炸性聚合。苯乙烯在常温下会缓慢聚合，其聚合反应速度随温度升高而加快，反应变得越来越猛烈，以致发生爆炸。

五、混合接触自发反应

在储存或运输过程中，有些性质相抵触的危险化学品混合或接触后，发生剧烈反应，或反应生成不稳定物质，危险性增大。如氯酸盐、亚氯酸盐、过氯酸盐、高锰酸盐等大多数强氧化剂与浓硫酸等强酸接触，反应猛烈，引起燃烧或爆炸。金属钠、钾、镁粉及氢化钠等还原性物品与过氧化钠、过氧化乙酰等氧化性物品是性质相异的危险品，这两类物质一旦接触相互作用，则会引发燃烧或爆炸。

有些危险化学品混合接触后则生成不稳定的物质。如液氯和液氨混合，在一定的条件下会生成极不稳定的三氯化氮，有引起爆炸危险；硝酸铵、矿物油等混合物，受热、撞击就会爆炸。

第二章 危险化学品危险特性

DI ER ZHANG

危险化学品由于种类繁多，其危险性也具有多样性，一种危险化学品甚至具有多种危险性。《危险货物分类和品名编号》主要是按照危险化学品的危险性进行分类的，因此同一类危险化学品在危险性方面都有一定的共性。

第一节 爆炸品

爆炸品都具有化学不稳定性，在一定外因的作用下，能以极快的速度发生猛烈化学反应而引起爆炸。

一、爆炸品的危险特性

1. 爆炸燃烧性

爆炸品的首要危险性表现为其受到摩擦、撞击、震动、高热或其他能量激发后，产生剧烈化学反应，并在极短时间内释放大量热量和气体，致使周围的温度迅速升高和产生巨大的压力而引发爆炸。

绝大多数爆炸品爆炸时伴随有燃烧现象，而且燃烧不需要外界供给氧气(氧化剂)。因为许多爆炸品本身就是含氧基团的化合物或者与氧化剂的混合物。爆炸品爆炸时放出大量的热，形成数千度的高温，能使自身分解出的可燃性气态物质和周围接触的可燃物质发生燃烧，造成火灾事故。

2. 巨大破坏性

爆炸品一旦发生爆炸，爆炸中心的高温高压气体产物就会迅速向外膨胀，剧烈地冲击压缩周围原处于平静状态的空气，使其压力、温度突然升高，形成冲击波，迅速向外传播。冲击波在传播过程中具有相当大的破坏力，极易摧毁临近的建(构)筑物，并造成人身伤亡。如 1 kg 硝铵炸药爆炸，即刻产生 870～970 L 气体，使压力猛升到上万个大气压，同时产生 2 400～3 400 ℃的高温，反应只在瞬间就可完成，所以具有很大的破坏力。

3. 殉爆性

殉爆是指当一处炸药爆炸时，引起与其相距一定距离的另一处炸药也发生爆炸的现象。先发生爆炸的炸药称为主爆药，受其爆炸影响而发生爆炸的炸药称为被爆药。因主爆药爆炸而能引起被爆药爆炸的最大距离，叫作殉爆距离。引起殉爆的主要原因是主爆药爆炸时产生的冲击波作用和爆炸产物及抛出物的冲击作用造成的。

殉爆距离的大小，取决于主爆药的质量、断面积、威力和密度、被爆药的爆轰感度以及它们之间介质的性质。在主爆药和被爆药之间的介质是空气时，殉爆距离最大；其次是水、木材和黏土；最差的是砂子，因为砂子能吸收冲击波的能量，而使冲击波迅速衰减。殉爆距离愈大，表明炸药的破坏力愈强。

4. 毒害性

有些炸药如苦味酸、梯恩梯、硝化甘油、雷汞、迭氮铅等都具有一定的毒性，而绝大多数爆炸品爆炸时能产生 CO、NO、NO_2、HCN 等有毒气体，极易从呼吸道、食道甚至皮肤等进入人体内，引起人员中毒。因此，在爆炸品事故现场进行施救作业时，应注意防止中毒事故发生。

二、影响爆炸品爆炸性能的因素

1. 热感度

爆炸品在热能作用下会发生爆炸或燃烧，其爆炸或燃烧分解的难易程度称之为热感度。热感度大小主要是以爆发点(℃)来表示。爆发点又叫爆燃点或发火点，即是指爆炸品被加热到规定的时间而发生爆炸的最低温度。在爆发点的温度作用下，爆炸品即使没有受到撞击、敲打等外力作用，也会起爆。爆发点愈低，爆炸品对热的敏感度愈高，受热起爆愈容易。

2. 撞击感度

爆炸品在机械冲击作用下发生爆炸的能力，称为撞击感度。撞击感度高，说明爆炸品对外界冲击能量的敏感程度高，易于引起爆炸。反之，比较安定，不易引起爆炸。

3. 摩擦感度

爆炸品在机械摩擦作用下发生爆炸的能力，称为摩擦感度。摩擦感度高，容易引起爆炸。

4. 明火

明火包括火焰、火花、火星、烟头、电弧等，均能引起爆炸品爆炸或燃烧。例如，雷汞、迭氮铅只需要与导火索的火花作用即可引起爆炸；黑火药很容易被火焰、火星点燃。

5. 酸碱

强酸、强碱与苦味酸、雷汞、黑索金、无烟火药等爆炸品接触能发生剧烈反应，或生成敏感度很高的易爆物，一经摩擦即起爆。例如，硝化甘油[$C_3H_5(ONO_2)_3$]遇浓硫酸会发生剧烈反应，苦味酸[$C_6H_2(NO_2)_3OH$]遇碱能生成性质极不稳定的苦味酸钠。

$$C_6H_2(NO_2)_3OH + NaOH = C_6H_2(NO_2)_3ONa + H_2O$$

6. 金属

很多金属能与一些爆炸品反应生成更易爆炸的物质，特别是铅、银、铜、锌、铁等重金属与苦味酸、梯恩梯、三硝基苯、甲醚等爆炸品反应的生成物，是敏感度极高的爆炸物，受轻微摩擦立即起爆。

7. 吸湿性

很多爆炸品具有很强的吸湿性，并随着水分含量的增加，逐渐失去它们的爆炸性。如不含水的硝化棉，性质极不稳定，受外力作用易起爆。而当其水分含量超过32%时就变得比较稳定，以致失去爆炸性。但也有例外，如硝铵炸药若吸湿和干燥反复进行，会使其硬化结块，结块的药体不能充分爆炸，可是若用铁质工具猛力击碎时却会爆炸。几种炸药失去爆炸性的湿度见表 2-1-1。

表 2-1-1　几种炸药失去爆炸性的湿度

炸药名称	湿度(%)	炸药名称	湿度(%)
六硝基二苯胺	>75	梯恩梯	>30
苦味酸	>35	黑火药	>15
硝化棉	>32	硝铵炸药	>3

8. 电磁波

一些电发火爆炸物品，如电雷管、无线电引信等，在高压电线、电台、雷达、无线电发报机等电磁波的作用下，能引起爆炸。

三、常见爆炸品

1. 黑火药

黑火药也称为黑药或黑色药，我国古代四大发明之一，是人类历史上最早出现的火药。由于黑火药具有理化安定性好、火焰感度大、易于点燃、燃烧速度高、燃烧性能稳定、原料来源广泛、制造工艺简单等特点，至今仍在军事上以及导火索、烟火剂制造中广泛使用，同时由于其猛度和威力都很低，也常用于开采贵重的矿石。

黑火药是由硝石、硫黄和木炭按照一定比例组成的机械混合物。由于应用的范围不同，黑火药的配比也不同。几种黑火药原料配比见表 2-1-2。

表 2-1-2　几种黑火药原料配比

种类 / 配比(%) / 原料	猎枪药		矿用药		导火索药	
硝酸钾	73	78.5	75	84	78±2.0	63±2.0
木炭	16	12.5	15	8	10±1.5	10±2.0
硫黄	11	9	10	8	12±1.5	27±1.5

黑火药组分中的硝酸钾是氧化剂，木炭为可燃剂。硫黄有两个作用，一是起黏合剂的作用，以便使黑火药中的各组分黏合在一起；二是作可燃剂，使黑火药易于点燃。黑火药的燃烧反应式为：

$$S+2KNO_3+3C \longrightarrow 3CO_2\uparrow+N_2\uparrow+K_2S+Q$$

黑火药一般呈现灰黑色，其形状有粉状和粒状两种，密度为 1.6～1.93 g/cm^3。具有吸湿性，吸湿后燃速变慢，当水分达到 15%时，就失去燃烧的能力。黑火药容易被火点燃，燃烧时爆发出火星，有烟雾，而且有短促的发射声。黑火药对火焰和火花的作用非常敏感，甚至金属撞击产生的火花，也能引起黑火药的燃烧或爆炸（爆炸点为 270 ℃～300 ℃）；对撞击和摩擦等机械作用也很敏感，尤其是受摩擦作用，很容易引起爆炸，但爆炸威力较小，最大爆速约 500 m/s，火焰温度 2 500 ℃左右。

黑火药自身含有氧化剂和还原剂，不需外界供氧即可持续燃烧。如果大量堆积或在密闭条件下燃烧，可能发生燃烧转爆轰现象，导致爆炸。黑火药粉末发生飞扬时，还有粉尘爆炸的危险。例如，2003 年 12 月 30 日，辽宁省昌图县双庙子镇安全环保彩光声响有限责任公司死亡 38 人的爆炸事故，即为悬浮的黑火药原料粉尘被电火花点燃引起的。

火灾事故中应使用大量水进行处置，禁用砂土盖压。

2. 梯恩梯

梯恩梯学名为 2,4,6 -三硝基甲苯，化学式 $C_6H_2(NO_2)_3CH_3$，代号 TNT，结构式为：

CH_3

O_2N　　NO_2

NO_2

梯恩梯是由甲苯经过硝化制成，其反应方程式为：

$$C_6H_5CH_3+3HNO_3 \xrightarrow{\text{浓 } H_2SO_4} C_6H_2(NO_2)_3CH_3+3H_2O$$

梯恩梯工业产品为黄色至暗棕色，纯品则为淡黄色针状晶体，无臭有毒，在水中溶解度很小，但易溶于苯、乙醇、丙酮等有机溶剂，在硝—硫混酸中有较大的溶解度，而且溶解度随温度的升高而增大。

梯恩梯在常温下是脆性的物质，升温后就逐渐具有塑性，其变化规律是：在0 ℃～35 ℃时，为脆性物质；在35 ℃～40 ℃时，由脆性向塑性过渡；超过55 ℃时，感度增加；达到70 ℃～80 ℃时，极为敏感；超过80 ℃后，完全熔化，感度又有所下降。但在高温液态下，TNT比其他猛炸药更为敏感。梯恩梯对碱也是敏感的，在碱性物质及其水溶液（如NaOH、KOH等）中能发生剧烈作用，生成相应的碱金属盐，这类物质对于热和机械作用很敏感，在200 ℃时分解，爆燃点300 ℃，燃速为6 900米/秒。

梯恩梯通常不与金属发生作用，可长期贮存而不变质，但受慢光照射后燃发点由475 ℃降到230 ℃，撞击感度提高。它还可被强还原剂如锡、铁、氯化物等还原成氨基化合物，而失去爆炸性能。液态梯恩梯很容易与其他爆炸品相混合，并浇铸成块状。例如80份硝酸铵和20份梯恩梯的混合物，称为硝酸铵炸药（又称铵梯炸药），已广泛用于军事和工业。梯恩梯可以点燃，少量的梯恩梯在空气中能平静地燃烧，燃烧缓慢，冒黑烟，而不发生爆炸。当大量堆积或在密闭容器中燃烧，就有可能使燃烧转为爆轰。

梯恩梯具有毒性、味苦，它的粉尘能刺激黏膜，而引起咳嗽；皮肤接触后，易得皮炎。长期接触和过多地吸入TNT蒸气或粉尘后，会引起肝脏中毒，发生贫血。

火灾事故中应使用大量水进行处置，禁用砂土盖压。

3. 烟花爆竹

烟花爆竹是由烟火药剂和烟火装置组合而成的制品。生产烟花爆竹所用的原料，一类是可燃物质（纸张、木炭等），遇火源会迅速燃烧；另一类是药剂，大多数是易燃易爆物品，如烟火药、氧化剂、易燃固体、溶剂等。通过着火源作用，烟花爆竹会发生燃烧、爆炸，并伴有声、光、色、烟、雾等现象。

烟花爆竹生产中使用硫黄、高氯酸钾、镁铝合金粉等主要原料，见表2-1-3。

表2-1-3 烟花爆竹主要原料

类　别	氧化剂	可燃物	着色剂
物质名称	高氯酸钾、高氯酸铵 硝酸钾、硝酸钡 硝酸锶、硝酸钠	硫黄、铝、铝镁合金粉 木炭、硫化锑、树脂 虫胶、聚氯乙烯	碳酸锶、氟铝酸钠 碳酸铜、草酸钠

烟花爆竹产品中易燃易爆物质多，接触明火、高温或其他着火源都会发生燃烧、爆炸。烟花爆竹生产流程长，绝大多数工序带有药物，容易发生火灾、爆炸事故。烟花爆竹成品遇高温、明火都会发生爆炸，尤其是烟花类产品，着火后会飞散到很大范围，容易造成事故范围扩大。

烟花爆竹生产事故，一般是爆炸与燃烧交替发生。除爆炸点处可燃物品燃烧外，由于烟花成品和亮珠等半成品有升空、飞跃、跳动、旋转等特点，会将一定距离之内的可燃物引燃，形成大面积火灾、爆炸事故。例如散落在地面或堆放在工作台上的火药、亮珠，先发生燃烧，然后引起火药库、花炮成品爆炸；烟花爆竹工厂的纸张、建筑物起火，引起火药、烟花爆竹成品、半成品爆炸等。如果烟花爆竹工厂与村庄、居民区及

公路的外部安全间距不足，厂房与厂房之间、厂房与其他建筑之间的内部安全间距不符合安全要求时，一处发生起火、爆炸，就会引起连锁反应。烟花爆竹事故现场物体破坏的严重性和紊乱性，大于一般事故现场。

烟花爆竹的爆炸瞬间即会发生，爆炸产生的飞火能引起一定范围内的可燃物和易燃易爆物品燃烧爆炸，一般数分钟内火势就发展到猛烈状态，在场人员往往来不及逃出而被烧伤、炸伤，甚至死亡。如果药库、成品库发生爆炸，其威力更大。例如，2003 年 3 月 11 日，江西萍乡上栗县石岭花炮厂发生特大爆炸事故，造成 33 人死亡；2010 年 8 月 16 日，黑龙江伊春市某有限公司（鞭炮厂）发生剧烈爆炸并引发大面积火灾，造成 33 人死亡，100 余人受伤。

烟花爆竹燃烧、爆炸过程中产生的一氧化碳（CO）、二氧化碳（CO_2）、二氧化硫（SO_2）、氮氧化物（NO_x）等物质都具有一定的毒害性，危害人身安全，阻碍救援行动。

火灾事故中应使用大量水进行处置，禁用砂土盖压。

第二节　气　体

气体危险品都是带高压储运，处于极不稳定的状态。储存容器、管道和阀门处有细微空隙或腐损，就会发生泄漏，特别是在储罐、钢瓶等容器受到冲击和高温等外界作用时，内压急剧变化，甚至可能造成爆炸。

一、气体的危险特性

1. 燃烧（爆炸）性

气体中的可燃气体具有燃烧爆炸性。所有处于爆炸浓度范围内的可燃气体遇点火源都能发生燃烧爆炸。燃烧爆炸性的难易程度取决于可燃气体的爆炸浓度范围的大小、自燃点的高低、燃烧速度的快慢、点火能量的大小和燃烧温度的高低。

各种可燃气体在空气中燃烧（爆炸）时浓度是不同的，着火（爆炸）浓度下限低，爆炸极限范围大的气体，火灾（爆炸）危险性就大；反之就小。例如，乙炔爆炸下限为 2.5％，爆炸上限为 80％，爆炸下限低，爆炸范围大；而丙烷爆炸下限为 2.1％，爆炸上限为 9.5％，爆炸范围小。因此，乙炔比丙烷的爆炸危险性大。

可燃气体的自燃点高低不同，其燃烧性和火灾危险性也不一样。自燃点低的可燃气体容易着火。如乙烯的自燃点为 425 ℃，乙烷的自燃点 472 ℃，乙烯就比乙烷容易着火。

可燃气体燃烧所需要的点火能量不同，其火灾（爆炸）危险性也不一样。如乙烷最小点火能量为 0.285 MJ，乙炔最小点火能量为 0.02 MJ。点火能量越小的可燃气体，火灾（爆炸）危险性就越大。

可燃气体燃烧温度的高低，对毗邻可燃物着火的影响很大。温度愈高，辐射热就愈强，愈易引起周围可燃物燃烧，促使火势迅速蔓延扩展。如氨气的燃烧温度为

700 ℃,乙烷的燃烧温度为 1 895 ℃。乙烷火焰辐射热就比氨气要强得多。

2. 扩散性

在气体内部,当某种气体分子数密度不均匀时,就会出现气体分子从密度大的地方移向密度小的地方,这种现象叫扩散。换句话说,扩散性是指物质在空气以及其他介质中的扩散力。例如,当有臭味的气体如氨、硫化氢等一旦释放出来,人就会嗅到,这就是由于气体的扩散造成的。

气体的扩散与气体相对密度有关(气体相对密度是指在标准状态下,某气体的气相密度与空气密度之比)。其特点是比空气轻的可燃气体逸散在空气中可以无限制地扩散,容易与空气形成爆炸混合物,而且能够顺风漂移,致使可燃气体着火爆炸和蔓延扩展;比空气重的可燃气体泄漏出来,往往漂流于地表、沟渠、厂房死角处,长时间聚集不散,容易遇火源而发生燃烧、爆炸(或自燃)。同时,密度大的可燃气体,一般有较大的发热量,在火灾条件下易于造成火势扩大。

掌握可燃气体的密度和扩散性,不仅对评定其火灾爆炸危险性的大小,而且对选择通风口的位置,确定防火间距以及防止火势蔓延都有实际意义。

3. 可压缩性与受热膨胀性

气体有很大的压缩性,在压力和温度的影响下,易于改变自身的体积。在一定温度下加压还可以变成液态(即液化气体)。当温度不变时,气体的体积与压力成反比。例如,常压下 100 L 的气体加压至 1 MPa 压力时,其体积能缩小到 10 L。

气体受热时体积就会膨胀,在容器体积不变时,温度与压力成正比。受热温度越高,体积膨胀越大,形成的压力也就越大。所以盛装压缩或液化气体的容器当受到高温、日晒、剧烈震动等作用时,气体就会急剧地膨胀而产生比原来更大的压力。当压力超过了容器的耐压强度,就会引起容器爆裂,以至气体跑出,遇火或爆裂时产生静电火花,造成火灾爆炸事故。

4. 带电性

物质的摩擦都会产生静电。压缩气体和液化气带有高压,当从容器、管道口或破损处高速喷出时即产生静电。其主要原因是在气体中含有固体或液体杂质,在高速喷出时与容器或管道壁发生剧烈摩擦所致。气体中含有的液态或固体杂质越多,产生的静电荷越多;气体的喷流速度越快,产生的静电位越高,静电放电的可能性越大,火灾危险也就越大。

5. 腐蚀毒害性

腐蚀性主要是一些含氢、硫元素的可燃气体。如氢气、硫化氢、氨等,都具有腐蚀性,在生产、储运过程中,都能腐蚀设备、削弱设备的耐压强度,严重时可导致设备系统裂隙、漏气,引起火灾或爆炸事故。目前危险性最大的是氢气,氢气在高压下能渗透到碳素钢中去,使设备变疏,耐压强度减弱。

在压缩和液化气体中,有一些如磷化氢、硫化氢、氯乙烯、氯甲烷、一氧化碳、氨等具有毒害性。在处理这类可燃气体或扑救这类气体火灾时,应特别注意防止中毒。

部分气体的毒害性和容许浓度见表 2-2-1。

表 2-2-1　部分气体的毒害性和容许浓度

气体名称	容许浓度 ppm（或 mg/m^3）	短期暴露时对健康的相对危害	超过容许浓度吸入的主要影响
磷化氢	0.3(0.4)	中毒	剧毒
硫化氢	10(15)	中毒	
氰化氢	10SC(1)S	中毒	吸入或渗入皮肤剧毒
氯乙烯	C500C(1300)	麻醉中毒	
氯甲烷	C100(210)	中毒	慢性中毒
一氧化碳	50T(55)T	中毒	化学窒息
氨	50(3)	刺激	
环氧乙烷	50(90)	刺激中毒	
液化石油气	1000(1800)	麻醉	
甲醛	2(3)	刺激	皮肤、呼吸道过敏
备注	“C”表示容许浓度上限值；“S”表示该物质可由皮肤、黏膜和眼睛吸入；“T”表示该数值是实验值。		

二、常见气体危险化学品

1. 氯气

氯气是重要的化工原料，用途广泛，除用于消毒、制造盐酸和漂白粉外，还用于制造氯丁橡胶、聚氯乙烯塑料、合成纤维、医药、农药、有机溶剂和其他氯化物。

氯气为典型的卤素单质，化学式为 Cl_2，黄绿色气体，有强刺激性臭味，相对密度 2.48，比空气重，易在地势低洼、下水道、地下建筑、水井等处积留。通常情况下，氯气以液态形式进行储存和运输，将氯气加压到 608～811 kPa 或常压下冷却至－40～－35 ℃即得液氯。

氯气有毒，空气中最高容许浓度为 1 mg/m^3，超过 2.58 mg/m^3 时人吸入后立即死亡。氯气可引起眼痛、畏光、流泪、结膜充血、水肿等急性结膜炎，皮肤直接接触可引起急性皮炎及灼伤。侵入人体内部与呼吸道黏膜表面水分接触，生成强腐蚀性物质，产生强烈刺激和腐蚀作用，引起胸痛和咳嗽。高浓度时，造成眼角膜损伤、哮喘或支气管肺炎，咳粉红色泡沫痰或痰中带血，体温增高，白细胞增多等。严重的会导致呼吸困难，喉头、支气管痉挛或肺水肿造成严重窒息，深度昏迷，心搏骤停致使猝死。2005 年 3 月 29 日，京沪高速公路淮安段上一辆载有 29t 液氯的槽罐车和一辆运输液化气空钢瓶的卡车相撞，液氯槽罐出料阀从根部断裂，导致大量液氯泄漏。事故造成 29 人死亡，300 余人中毒。

氯气化学性质活泼，能溶于水并与水作用，水溶液呈酸性。加入氢氧化钠、熟石灰等碱性物质即可中和。

$$Cl_2+H_2O \xlongequal{} HCl+HClO$$

$$Cl_2+2NaOH \xlongequal{} NaCl+NaClO+H_2O$$

$$2Cl_2+2Ca(OH)_2 \xlongequal{} CaCl_2+Ca(ClO)_2+2H_2O$$

由于氯气与碱性物质能较快、较完全地发生反应，所以常用碱液来吸收处理具有毒害性的氯气。

氯气具有强氧化性，本身不燃，但能助燃。与乙炔、松节油、乙醚等有机物以及硫化氢、金属粉末等化学物质接触会发生剧烈反应，放出大量的热，有着火和爆炸危险。与氢气混合，在受热或强光照射条件下极易发生猛烈爆炸，其爆炸浓度极限11%～94.5%。

$$H_2+Cl_2 \xlongequal{光} 2HCl$$

氯气和氨在低温下也能起激烈反应，氯气过量时还会生成油状的三氯化氮，三氯化氮易分解引发强烈的爆炸。

氯气应储存于阴凉通风仓库内，库温不宜超过 30 ℃。应与易燃气体、金属粉末和氨等分开储运。搬运时轻拿轻放，切勿损坏钢瓶及瓶阀。运输按规定路线行驶，勿在居民区和人口稠密区停留。氯气事故处置中，消防人员必须穿着防化服，佩戴空气呼吸器；灭火剂可用水、泡沫，也可将漏气钢瓶浸入石灰水等碱性物质中进行中和处理，以防人畜中毒。

【案例】

浙江某电化厂液氯泄漏事故

1979 年 9 月 7 日下午 1 时 55 分，浙江某电化厂液氯工段正在冲装液氯作业时，一只半吨重的充满液氯的钢瓶突然发生粉碎性爆炸。随着震天巨响，全厂气雾弥漫。大量的液氯汽化，迅速形成巨大的黄绿色气柱冲天而起，形似蘑菇状，高达 40 余米。爆炸现场留有直径 6 m、深 1.82 m 的深坑。该工段 414 m^2 的厂房全部倒塌，在现场有 67 个液氯钢瓶，爆炸了 5 只，击穿了 5 只，13 只击伤变形，5t 的液氯储罐被击穿泄漏，厂房内的全部管道被击穿、变形。其间夹杂着瓦砾、钢瓶碎片在空中横飞，数里外有震感。在爆炸中心有一只重达 1 735 kg 的液氯钢瓶被气浪垂直掀起，飞越 12 m 高的高压电线后，坠落在 30 m 外的盐库内。另一只重达 1 754 kg 的液氯钢瓶被气浪冲到 20 m 外的荷花池里，一块重达 1 kg 的钢瓶碎片飞出 830 m 外的居民院内。

液氯从这些容器内冲出，泄漏的氯气共达 10.2 t。当时是东南风，风速为 3.7 m/s，大量的氯气迅速扩散，波及范围达 7.35 km^2，共有 32 个居民点和 6 个生产队受到不同程度的氯气危害，造成大量人员急性中毒。受氯气危害的人数达 1208 人，其中诊断为氯气刺激反应者有 429 人，均在门诊治疗，另有不同程度急性中毒患者 779 人，均住院治疗。其中轻度中毒者 459 人，占 58.9%；中度中毒者 215 人，占 27.6%；重度中毒者 105 人，占 13.5%。其中男性 389 人，占 49.9%；女性 390 人，占 50.1%。

本次事故共死亡59人，其中现场死亡18人，另有41人为严重急性氯气中毒死亡，其中7人为严重中毒性肺水肿，口鼻涌出粉红色泡沫痰，入院后几分钟内死亡。爆炸后1小时左右又有12人死于肺水肿，最后死亡1人是在爆炸后13小时。死亡者均为16岁以上的成人，其中男性30人，女性11人。因氯气中毒死亡的41人均为距爆炸中心50 m内的重污染区内的居民，而本厂职工都能逆风爬上厂外东南方向的一个高土坡上，故无一人因急性氯气中毒而死亡。

2. 硫化氢

硫化氢常存在于多种生产过程及自然界中，如采矿和有色金属冶炼，煤的低温焦化，含硫石油开采、提炼，橡胶、制革、染料、制糖等工业中都有硫化氢产生。开挖和整治沼泽地、沟渠、印染、下水道以及清除垃圾等作业，还有天然气、火山喷气中也常伴有硫化氢存在。

硫化氢化学式为 H_2S，无色气体，有臭鸡蛋气味，接触时间稍长或浓度极高时则会使人嗅觉麻木。硫化氢能被液化，通常经加压转化为液态形式储存于钢瓶中。直接接触液化硫化氢会造成冻伤。

硫化氢在空气中易燃烧，并发出淡蓝色火焰。自燃点为260 ℃，燃烧热值为14.75 kJ/kg。能与空气形成爆炸性混合物，爆炸浓度极限为4%～44%，遇高温、明火会引起着火爆炸。

$$2H_2S+3O_2 \xlongequal{\text{点燃}} 2H_2O+2SO_2$$

空气不足时：

$$2H_2S+O_2 \xlongequal{\text{点燃}} 2H_2O+2S\downarrow$$

硫化氢相对密度为1.19，比空气略重。易积聚于地表及下水道、沟渠、厂房死角等处，有潜在的爆炸危险。泄漏气体会沿地面向外扩散，遇明火会引起回燃。储存硫化氢的容器受热，压力增大，有爆炸危险。

具有极强的还原性，与浓硝酸、发烟硫酸或其他强氧化剂接触会发生剧烈反应，极有可能引发爆炸。

硫化氢气体能溶于水，其水溶液即为氢硫酸。氢硫酸显酸性，具备酸的特性：

$$Fe+H_2S=FeS+H_2\uparrow$$

$$CuO+H_2S=CuS\downarrow+H_2O$$

$$2NaOH+H_2S=\!=\!=Na_2S+2H_2O$$

钢瓶、管道等生产和储运的金属装置极易被锈蚀，因而常导致硫化氢泄漏事故的发生。

硫化氢是强烈的神经毒物，具有极大的毒害性和刺激性，空气中的最高容许浓度为10 mg/m^3。接触低浓度硫化氢气体时，眼睛和呼吸道黏膜接触有明显刺激作用，可引起眼结膜炎、急性支气管炎和肺炎，有头痛、头晕、胸闷等症状；接触高浓度时可直接抑制呼吸中枢，眼睛流泪、刺痛，鼻及咽喉有灼热感，有胸闷、抽搐、意识模糊、肺水肿、呼吸衰竭等症状，可引起呼吸麻痹，迅速窒息而导致“电击样”死亡。如 2003 年 12 月 23 日重庆开县特大井喷事故中，因硫化氢中毒导致 243 人死亡，26 000 余名中毒人员住院治疗。

硫化氢气体及其与水作用产生的氢硫酸会污染触及的土壤、水体，这对环境中的各种生物会造成严重危害。其燃烧爆炸产物为二氧化硫，具有毒害性，也会对环境造成危害。

硫化氢钢瓶应贮存在通风良好的库房里，室内温度不宜超过 30 ℃。远离火种、热源，防止阳光直射，并应与氧气、卤素等氧化剂分开存放。搬运时轻拿轻放，防止损坏钢瓶及瓶阀。硫化氢事故处置中，消防人员必须穿着防化服，佩戴空气呼吸器；灭火剂可用水、泡沫、二氧化碳或干粉，也可将漏气钢瓶浸入石灰水等碱性物质中进行中和处理，以防人畜中毒。灭火时要先切断气源，否则不得扑灭正在燃烧的气体。

3. 氨气

氨气是氢气与氮气在高温、高压和催化剂的作用下直接化合制得，作为一种重要的化工原料，氨气主要用于生产硝酸、铵盐和尿素等含氮化合物，还可用作冷藏库的制冷剂等。

氨气化学式为 NH_3，是一种无色、具有刺激气味的气体。比空气轻，很容易液化。在常温下，加压至 700～800 kPa 或冷却到 －33.4 ℃时即凝聚为液体，在－77.7 ℃时凝聚为无色晶体。液化时放出大量的热(23.6 kJ/mol)。

极易溶于水、乙醇和乙醚，在常温常压下，1 体积的水可溶解 700 体积的氨。氨的水溶液常称为氨水，呈碱性，能使酚酞试液变红色。其化学反应式为：

$$NH_3 + H_2O \rightleftharpoons NH_3 \cdot H_2O \rightleftharpoons NH_4^+ + OH^-$$

$$NH_3 \cdot H_2O \xrightarrow{\triangle} NH_3 \uparrow + H_2O$$

在通常情况下，氨气不与空气中氧气作用，但在铂或氧化铁(Fe_2O_3)催化下加热，氨与空气中的氧气反应生成 NO 和 H_2O，这是现在生产硝酸的最主要方法——氨催化氧化法。

$$4NH_3 + 5O_2 \xrightarrow[800\ ℃]{催化剂} 4NO + 6H_2O$$

在无催化剂存在时，氨气能在纯氧中燃烧，发出黄色火焰。

$$4NH_3 + 3O_2 = 6H_2O + 2N_2$$

氨气能与空气形成爆炸性混合物，爆炸极限为 15.7%～27.4%，遇明火、高热能引起燃烧爆炸。有油类存在时，更增加燃烧危险。与氟、氯及酸类物品等接触会发生剧烈的化学反应。若遇高热，容器内压增大，也有爆炸的危险。如 2013 年 6 月 3 日，长春某禽业有限公司由于火灾烘烤液氨输送管线，引发液氨大量泄漏并着火爆炸，造成 121 人死亡、76 人受伤，直接经济损失 1.82 亿元。

氨气与盐酸、硫酸等酸类物质接触，会反应生成铵盐：

$$NH_3 + HCl = NH_4Cl$$

$$NH_3 + H_2SO_4 \longrightarrow (NH_4)_2SO_4$$

$$NH_3 + HNO_3 \longrightarrow NH_4NO_3$$

氨气具有毒害性，空气中最高允许浓度为 30 mg/m^3。通过呼吸道、消化道和皮肤均会引起人员中毒。轻度中毒表现出眼口有干辣感、流泪、流鼻涕、咳嗽，眼膜充血水肿；重度中毒则出现昏迷、精神错乱、痉挛，也可造成心肌炎或心力衰竭，直接接触则会导致头、面部等外露部位的皮肤严重化学灼伤，接触液氨会造成冻伤。吸入一定量高浓度氨气则可能致死。如 2002 年 7 月 8 日，山东某化肥厂在向一辆液氨槽车充装液氨时，由于车载金属软管发生爆裂，液氨泄漏。仅几分钟时间，氨气即笼罩整个厂区。事故造成 13 人死亡，105 人中毒。

氨气应储存于阴凉通风仓库内，远离火种、热源，防止阳光直射。应与氟、氯、溴及酸类物质等分开存放。搬运时轻拿轻放，防止损坏钢瓶及瓶阀。运输按规定路线行驶，勿在居民区和人口稠密区停留。氨气事故处置中，消防人员必须穿着防化服，佩戴空气呼吸器；灭火剂可用水、泡沫，也可将漏气钢瓶浸入稀酸溶液进行中和处理，以防人畜中毒。

4. 液化石油气

液化石油气是一种常见的易燃易爆物品，发热量高，用途很广，既可作生产和生活中的燃料，也可以作氨、甲醇以及三大合成等化工原料。

液化石油气又称原油气，为无色气体或黄棕色油状液体，系烃的混合物。其主要成分为丙烷(C_3H_8)、丙烯(C_3H_6)、丁烷(C_4H_{10})和丁烯(C_4H_8)等，其主要组分的理化性质见表 2-2-2。

表 2-2-2　液化石油气主要成分的理化性质

气体名称		丙烷	丁烷	丙烯	丁烯
分子式		C_3H_8	C_4H_{10}	$CH_2{=}CHCH_4$	$CH_2{=}CHCH_2CH_3$
密度	气态	1.52	2	1.45	1.9
	液态	0.58	0.58	0.61	0.63
熔点(℃)		−187.1	−138	−185	−185.3
沸点(℃)		−42.2	−0.5	−47.7	−6.43
闪点(℃)		−104	−60	−108	−104
自燃点(℃)		450	405	460	384
爆炸极限(%)		2.1～9.5	1.5～8.5	2～11.0	1.6～10
汽化热(kJ/kg)		—	390.55	437.94	403.11
燃烧热(kJ/mol)		2 220.97	3 879.88	2 051.88	2 542.45
临界温度(℃)		96.8	152	91.6	146.4
临界压力(kPa)		4 256.7	3 806.8	4 600.2	4 022.6

由表 2-2-2 看出，液化石油气的各组分临界温度都比较高，容易液化。液态液化

石油气释放到空气中转变为气态时，其体积会扩大250～300倍，且气化过程中因吸收热量导致空气中的水蒸气冷凝，形成白色云雾气团，甚至出现结霜冻冰。如果接触到人体，会迅速气化，从皮肤上夺取热量，造成局部低温引起冻伤。喷入眼中则可能引起失明。

加工的液化石油气无色无臭，泄漏时难以发觉。商品液化石油气一般加入一些使人能明显嗅到臭味的硫化物(用硫醇、硫醚等含硫化合物，再加醛、酮等含氧化合物来配制加臭剂)，以便在漏气时就能及时被人嗅到臭味，从而采取相应安全措施。

液化石油气的闪点、燃点和自燃点都较低，极易燃烧，与空气混合会形成爆炸性混合物，爆炸极限为1.5%～33%，最小引燃能量0.26 mJ，遇高温、明火极易引起燃烧爆炸。燃烧爆炸猛烈，爆炸速度可达2 000～3 000 m/s，火焰温度达2 000 ℃，发热量高达110 000 kJ/m^3。液化石油气压力高、气体流量大时，其燃烧火焰高度可达十多米甚至几十米，并发出喷燃啸叫声。在高热条件下，装有液化石油气的容器也易受热而发生爆炸。

同等条件下，液化石油气比空气重1.5～2.0倍左右，易沉降积聚于地表及下水道、沟渠、厂房死角等处，一时不易被风吹散，很容易达到爆炸浓度。一旦遇有明火或电火花，就会发生燃烧爆炸。若泄漏则会沿地面向外或地势低洼处扩散，遇明火会引起回燃。

液体石油气有毒，且组分中烃的碳数越多，其麻醉作用越强。液化石油气中毒症状有头晕、头疼、呼吸急促、恶心、呕吐、脉缓等；空气中液化石油气达到10%时，人处于该环境中5分钟即会被麻醉，有头晕、乏力等症状。当持续吸入大量气体后，轻者有头晕、头痛、恶心、呕吐、呼吸困难等症状，严重时出现昏迷麻醉状态及意识丧失，甚至可窒息死亡。

液化石油气钢瓶应贮存在通风良好的库房里，室内温度不宜超过30 ℃。远离火种、热源，防止阳光直射，并应与氧气、卤素等氧化剂分开存放。搬运时轻拿轻放，防止损坏钢瓶及瓶阀。

液化石油气事故处置中，消防人员应佩戴空气呼吸器；灭火剂可用雾状水、泡沫、二氧化碳或干粉。灭火时要先切断气源，否则不得扑灭正在燃烧的气体。

5. 天然气

天然气是一种热值高、污染小的重要能源。天然气的主要成分为甲烷，还含有少量乙烷、丙烷、一氧化碳、二氧化碳和硫化氢等。

天然气为无色气体，极易燃烧，燃点550 ℃，燃烧热值高，火焰温度约为1 950 ℃。天然气与空气会形成爆炸性混合物，爆炸浓度极限为5.3%～15%，爆炸下限很低，遇到高温、明火，或受到高速冲击、静电火花等，都会引起燃烧爆炸。天然气密度比空气小，在室内泄漏后易上升滞留于屋顶等限制性空间，不易排出，有爆炸危险。压缩天然气和液化天然气是加压或冷却储于钢瓶、储罐内，受热体积膨胀，压力升高，能使钢瓶或储罐爆炸。天然气与氯气、次氯酸、液氧等强氧化剂接触易发生剧烈化学反应而爆炸。

天然气扩散能力强，尤其是液化天然气(LNG)，1 体积能转化为 600 体积气体，少量液体就能气化产生大量气体，易形成大面积危险区。天然气组分中含硫化氢、一氧化碳较多时，其毒害性会大大增加，吸入即会出现头昏、头痛、恶心、乏力等症状，浓度高时短时间则会中毒死亡。经过脱硫处理的净化天然气，有毒气体含量小，但浓度高则会造成人员窒息。

天然气事故处置中，消防人员必须佩戴空气呼吸器或防毒面具，其中含有硫化氢时则应穿着防化服；灭火剂可用雾状水、泡沫、二氧化碳或干粉。灭火时要先切断气源，否则不得扑灭正在燃烧的气体。

第三节　易燃液体

易燃液体在常温下易挥发，同时还具有高度的流动性和扩散性。在运输易燃液体时，船舶、车辆舱(厢)内的最高温度一般不超过 55 ℃。考虑到一定的保险系数，国际和国家的有关规定都以闭杯试验闪点≤61 ℃作为区别易燃液体的标准。

一、易燃液体的危险特性

易燃液体遇着火源易引发燃烧，其挥发产生的蒸气与空气会形成爆炸性混合物，极易发生爆炸。

1. 高度挥发性

由于分子的运动，液体表面的分子在获得一定能量后，即能克服引力而进入气相，这一性质即为挥发性。易燃液体都具有高度的挥发性，其蒸气不仅常常在作业场所或贮存场所弥漫，而且可以任意飘散或在低洼处聚积，这就使得易燃液体在使用和储运中具有更大的火灾爆炸危险性。

易燃液体挥发性的大小，与液体本身的性质紧密有关，如液体分子量越小，分子间作用力越小，其挥发性也越大。此外，液体挥发性的大小也受周围环境温度、压力和液体表面积的影响。

2. 燃烧爆炸性

易燃液体都具有遇火、受热或与氧化剂接触而燃烧、爆炸的危险性。易燃液体燃烧、爆炸的实质就是其挥发产生的蒸气与空气中的氧或其他氧化剂发生的剧烈反应，同时放出大量的热。

易燃液体危险性的大小主要取决于以下因素：

(1) 最小点火能

最小点火能是指可燃性物质处于最敏感条件下，点燃所需要的最小能量。显然，最小点火能越低，点燃所需要的能量越小，火灾危险性也就越大。易燃液体的最小点火能较小，多数易燃液体被引燃只需要 0.5 mJ 左右的能量。

(2) 闪点

闪点是评价液体火灾危险性大小的主要依据。闪点越低,火灾危险性越大。易燃液体的闪点低,燃点也低,接触火源极易着火而持续燃烧。

不同的易燃液体由于其物质组成、分子结构等因素的不同,闪点高低不等。一般而言,对于同类有机化合物,其分子量越小,密度越小,其闪点越低。如正庚烷闪点为−4.5 ℃,而正辛烷闪点为16.5 ℃;甲醇闪点为7 ℃,而乙醇闪点为11 ℃。

(3) 相对密度

易燃液体的相对密度小,其闪点、沸点也低,液体挥发速度及挥发量较大。因此,相对密度小的易燃液体,即使在较低温度下也易与空气形成爆炸性混合物,故火灾危险性大。

易燃液体蒸气的比重一般都比空气重,如苯的蒸气相对密度为2.77(空气=1),不易扩散,蒸气易聚积形成爆炸性混合气体,从而增加了火灾爆炸的危险性。常见几种易燃液体的相对密度见表2-3-1。

(4) 自燃点

一般易燃液体的自燃点在250~650 ℃之间。自燃点越低,越易受热自燃,火灾危险性就越大。常见几种易燃液体的自燃点见表2-3-1。

由于易燃液体的易燃易爆性,因此在储存时应远离着火源,并保持良好通风。所有电器均应选用防爆型。

表2-3-1 常见易燃液体燃烧、爆炸参数

液体名称	相对密度(水=1) 101.3 kPa 4 ℃	蒸气密度(空气=1) 101.3 kPa 20 ℃	闪点(℃)	自燃点(℃)	沸点(℃)	爆炸极限(%)
戊烷	0.626	2.5	<−40	260	36.1	1.4~8.0
乙烷	0.660	3.0	−20	260	69	1.1~7.5
庚烷	0.60	3.5	−4.5	204	98.4	1.05~6.7
异丙醚	0.726	3.5	−28	443	68.5	1.4~7.9
乙醚	0.71	2.56	−45	180	35	1.9~48
苯	0.88	2.77	−11.4	625		1.4~7.1
甲苯	0.866	3.14	4.4	600	111.1	1.4~6.7
乙醇	0.79	1.59	12.8	520	78.7	4.7~19
甲醇	0.792	1.11	1.1	430	63.9	7.3~36
丙醇	0.792	2	−17.8	612	56.2	2.6~12.8
丁醇	0.805	2.42	−7.2	515.6	79.6	1.8~10.0
环己酮	0.948	3.38	44	420	155.6	1.1~9.4
乙醛	0.783	1.52	−38	175	20.8	4~57

（续表）

液体名称	相对密度（水=1）101.3 kPa 4 ℃	蒸气密度（空气=1）101.3 kPa 20 ℃	闪点（℃）	自燃点（℃）	沸点（℃）	爆炸极限（%）
丙烯醛（抑制了的）	0.839	1.94	−26	220	53	2.8～31
甲酸乙酯	0.917	2.6	−20	455	54.5	2.6～16
醋酸乙酯	0.899	3.04	−4.4	610	77.6	2.5～9

3. 受热膨胀性

易燃液体也和其他物体一样，具有受热膨胀性。密闭容器中的易燃液体受热后，其自身体积膨胀的同时，蒸气压力也会增大。如果超过了容器所能承受的压力限度，就会造成容器膨胀，以致爆裂。夏季盛装易燃液体的桶，常出现“鼓桶”现象以及玻璃容器发生爆裂，就是由于受热膨胀所致。因此，对盛装易燃液体的容器，应留有不少于5%的空隙，并储存于阴凉处或用喷淋冷水降温的方法加以防护。

4. 流动性

流动性是任何液体的通性，由于易燃液体易着火，故其流动性的存在更增加了火灾危险性。如易燃液体渗漏会很快向四周流淌，并由于毛细管和浸润作用，能扩大其表面积，加快挥发速度，提高空气中的蒸气浓度。如在火场上储罐（容器）一旦爆裂，液体会四处流淌，造成火势蔓延，扩大着火面积，给施救工作带来困难。因此，为了防止液体泄漏、流散，易燃液体储存时应备置事故槽（罐），构筑防火堤、设置水封井等；液体着火时，应设法堵截流散的液体，防止火势扩大蔓延。

液体流动性的强弱主要取决于液体本身的粘度（动力粘度）。所谓粘度是指流体（包括液体和气体）内部阻碍其流动的一种特性，常用 mPa·s 为单位表示。液体的粘度越小，其流动性越强，反之则越弱。粘度大的液体随着温度升高而增强其流动性，即液体的温度升高，其粘度减小，流动性增强，因而火灾危险性增大。

5. 带电性

多数易燃液体都是电介质，在灌注、输送、喷流过程中能够产生静电，当静电荷聚集到一定程度则会放电发火，故有引起着火或爆炸的危险。

液体的带电能力主要取决于介电常数和电阻率。一般地说，介电常数小于10 F/m（特别是小于3 F/m）、电阻率大于 10^5 Ω·cm 的液体都有较大的带电能力，如醚、酯、芳烃、二硫化碳、石油及石油产品等；而醇、醛、羧酸等液体的介电常数一般都大于10 F/m，电阻率一般也都低于 10^5 Ω·cm，则它们的带电能力就比较弱。

液体产生静电荷的多少，除与液体本身的介电常数和电阻率有关外，还与输送管道的材质和流速有关。管道内表面越光滑，产生的静电荷越少；流速越快，产生的静电荷则越多。

6. 毒害性

易燃液体大都本身或其蒸气具有毒害性,有的还有刺激性和腐蚀性。其毒性的大小与其本身化学结构、蒸发的快慢有关。不饱和碳氢化合物、芳香族碳氢化合物和易蒸发的石油产品比饱和的碳氢化合物、不易蒸发的石油产品的毒性要大。易燃液体对人体的毒害性主要表现在蒸发气体上,它能通过呼吸道、消化道和皮肤三个途径进入体内,造成人体中毒。中毒的程度与蒸气浓度、作用时间的长短有关。浓度小、时间短则轻,反之则重。部分易燃液体对人体的毒害性表现见表 2-3-2。

表 2-3-2 部分易燃液体对人体的毒害性表现

易燃液体种类	毒害性主要表现
醚类	有麻醉性,多量吸入能使人晕迷
醛和酮类	有较强的刺激性和一定的毒性
醇类	有一定的麻醉作性,甲醇有毒性,若滴入眼内能引起失明
酯类	有一定的刺激性和毒性
酸类	有一定的刺激性和腐蚀性
烃的含硫、氯的化合物	有毒性和腐蚀性
芳烃及其衍生物	有一定的毒性

二、常见易燃液体

1. 汽油

汽油是石油主要产品之一,由含 5~12 个碳原子的脂肪烃和环烃类组成,主要用作汽油机的燃料,使用量大,分布非常广泛,也用于橡胶、制鞋、印刷、制革、颜料等行业。作为汽车燃料,添加 10%变性燃料乙醇的汽油正在推广使用。乙醇汽油不仅有利于节约石油资源,而且尾气中一氧化碳、碳氢化合物等有害物的排放量减少,有利于改善环境。

汽油为无色或淡黄色透明液体,含有少量芳香烃和硫化物,具有特殊气味。汽油比水轻,相对密度 0.67~0.71。不溶于水,易溶于苯、二硫化碳和醇等有机溶剂。挥发性强,极易燃烧,自燃点为 415~530 ℃,燃烧热值为 46.1 MJ/kg。

汽油闪点较低,为−50 ℃~−35 ℃,极易挥发,其蒸气与空气会形成爆炸性混合物,爆炸浓度极限为 1.3%~6.0%,受热、火花或与氧化剂作用时立即引发燃烧爆炸。运输和装卸过程中,由于振荡、流淌等因素极易产生和积聚静电,也会引发燃烧或爆炸。

乙醇汽油中因加入燃料乙醇,氧含量增加,其燃烧和爆炸的危险更大。车用乙醇汽油和汽油的危险性参数见表 2-3-3。

表 2-3-3　车用乙醇汽油和汽油的危险性参数

名　称	乙醇汽油 90＃	乙醇汽油 93＃	汽油(辛烷值 100)
爆炸极限	1.7%～9.7%	1.7%～9.9%	1.3%～7.6%
自燃点	419 ℃	411 ℃	456 ℃
闪　点	≤－37 ℃	≤－37 ℃	－38 ℃

汽油具有一定麻醉性和毒害性，对中枢神经系统有麻醉作用。当空气中蒸气浓度达到 30～40 mg/L 时，人呼吸 0.5 小时后，即能导致生命危险。轻度中毒症状有头晕、头痛、恶心、呕吐、步态不稳；高浓度吸入手脚麻木，引起呼吸中枢麻痹、中毒性脑病和中毒性周围神经病等；极高浓度吸入引起意识突然丧失、反射性呼吸停止。

汽油进入呼吸道可引起吸入性肺炎；溅入眼内可致角膜溃疡、穿孔，甚至失明；皮肤接触容易引起皮肤干燥破裂、角化和接触性皮炎；吞咽引起急性胃肠炎，重者出现类似急性吸入中毒症状，胸闷、乏力，食欲不振，并可引起肝、肾损害。有些汽油以四乙基铅、甲基叔丁基醚作为抗震剂，其毒害性增大。乙醇汽油还有一定的腐蚀危害。2000 年 5 月，辽宁大连某船务有限公司的油轮在港口卸油作业中，由于泵舱输油管道发生汽油泄漏，造成了 8 人急性汽油中毒，其中 2 人死亡，3 人重度中毒，3 人轻度中毒的严重事故。

汽油如果泄漏，易沿低地势向外流淌，大范围扩散。一旦流入水域中，由于汽油比水轻，则浮于水体表面而随流扩散。汽油蒸气的相对密度为 3.0～4.0，比空气重，会在较低处扩散到相当远的地方，易积聚于地表及下水道、沟渠、厂房死角等处，有潜在的爆炸危险，遇明火会引着回燃。

桶装汽油储存于阴凉通风库房中，库温不宜超过 30 ℃。远离火种、热源，保持容器密封，并应与氧气、卤素等氧化剂分开存放。库房的照明、通风等设施应采用防爆型，开关设在库外。用储罐储存时，要有防火防爆技术措施。禁止使用易产生火花的机械设备和工具。

汽油事故处置中，应切断火源，撤离人员。大量泄漏时，筑堤或挖坑收容，并用泡沫覆盖避免大量挥发蒸气。灭火剂可用泡沫、二氧化碳或干粉。

2. 苯

苯(C_6H_6)是由煤焦油蒸馏或石油裂解而生成的烃类化合物，甲苯、二甲苯属同系物用途广泛，它是农药、造漆、染料、橡胶工业的重要原料，是喷漆、制药、制鞋及家具制造业的主要溶剂、添加剂和黏合剂，又是电子、机械、印刷等行业的稀释剂和清洁剂。

苯为无色透明液体，有强烈芳香味。不溶于水，能溶于醇、醚和丙酮等有机溶剂。苯液相对密度为 0.87(20 ℃)，蒸气相对密度为 2.77。挥发性强，易燃烧，闪点－11 ℃(闭杯)，自燃点 562.2 ℃，燃烧热值为 3 270 kJ/mol(25 ℃)，燃烧时带有浓烟。

$$2C_6H_6 + 15O_2 \longrightarrow 12CO_2 + 6H_2O$$

苯液闪点低，挥发产生的蒸气比空气重，易积于下水道、沟渠等低洼处，与空气会形成爆炸性混合物，爆炸浓度极限为 1.3%～7.1%，遇明火、高热容易引起燃烧爆炸。苯液比水轻，又不溶于水，如果发生泄漏，则会漂浮于水面，遇火源会发生燃烧，造成大面积流淌火灾。

苯液与氯气、高锰酸钾等强氧化性物质接触混合会发生放热反应，也会引发燃烧爆炸。

苯液及其挥发产生的蒸气具有一定的毒害性，空气中苯的最大容许浓度为 40 mg/m^3，大鼠一次吸入半致死浓度为 51 mg/m^3。苯侵入人体造成的中毒，轻者表现出头痛、头晕、恶心、行走不稳等醉酒状态，重者则出现呕吐、神志模糊、知觉丧失、昏迷、抽搐等症状。高浓度苯蒸气对中枢神经系统有麻醉作用，严重时可导致死亡。

苯对接触的土壤和周围环境会造成较大范围的污染，且难以洗消。特别是苯流淌到河流、湖泊、水库等水域中将造成水污染，严重时则对城市供水造成影响。如 2005 年 11 月 13 日，中国石油吉林石化公司双苯厂苯罐发生连续爆炸火灾，大量的苯液、苯胺等物质泄入松花江，致使松花江下游两岸单位和居民生活生产受到严重影响。

桶装苯液储存于阴凉通风库房中，库温不宜超过 30 ℃。远离火种、热源，保持容器密封，并应与氧气、卤素等氧化剂分开存放。搬运时轻装轻卸，防止包装破损。用储罐储存时，要有防火防爆技术措施。

苯泄漏事故处置中，应切断火源，及时筑堤或挖坑收容，并用泡沫覆盖避免大量挥发蒸气。灭火剂可用泡沫、二氧化碳或干粉。

3. 乙醇

乙醇俗称酒精，是重要的工业有机溶剂，也是重要的有机合成原料，可以用来制备染料、涂料、药物、合成橡胶、洗涤剂、清洁剂等。

乙醇的化学式 C_2H_5OH，为无色透明液体，具有特殊芳香气味。乙醇密度比水小，20 ℃时的密度为 0.789，沸点为 78.4 ℃。能溶于水、乙醚、氯仿等。工业用的酒精约含乙醇 96%（质量分数，下同）。含乙醇 99.5%以上的酒精称为无水酒精。

乙醇易挥发，其闪点为 9 ℃～11 ℃，爆炸极限为 3.3%～19%，自燃点 423 ℃，遇火、受热时有较大的着火危险性。乙醇能与许多强氧化剂（如浓硝酸、过氧化钠等）发生剧烈反应，并有燃烧爆炸危险。乙醇的水溶液随着水含量的增加，其闪点升高，着火危险性下降。

一般来说，乙醇是无毒的，日常饮用的各种酒中都含有乙醇，如啤酒中含 3%～5%，葡萄酒中含 6%～20%，白酒中含 30%～70%。但过量饮酒可引起醉酒。乙醇在人体内起中枢神经系统抑制剂的作用，长期过量饮用，则会引起肝的严重损坏。此外，饮用酒生产不能用工业酒精为原料，因为工业酒精往往含有甲醇，甲醇有毒，饮用后使人眼睛失明，甚至死亡。

乙醇应储存于阴凉通风库房中，库温不宜超过 30 ℃。远离火种、热源，保持容器密封，并应与氧气、卤素等氧化剂分开存放。库房的照明、通风等设施应采用防爆型，开关设在库外。罐储时要有防火防爆技术措施，露天贮罐夏季要有降温措施。禁止

使用易产生火花的机械设备和工具。

乙醇泄漏事故处置中，应切断火源，及时筑堤或挖坑收容，并用泡沫覆盖避免大量挥发蒸气。灭火剂可用抗溶性泡沫、干粉、二氧化碳或砂土。

4. 原油

原油是一种呈黑褐色的黏性液体，主要由碳和氢两种元素组成，大致上碳占83%～87%，氢占11%～14%。恶臭，不溶于水。相对密度0.78～0.97，比水轻。原油易挥发，其蒸气中常含有硫化氢气体，有毒。

原油的闪点为−6.67～32.22 ℃，为易燃液体，遇高温、明火有燃烧的危险。原油易挥发，其蒸气与空气混合能形成爆炸性的混合物。爆炸极限1.1%～6.4%，遇火源能引起燃烧或爆炸。原油还能与氧化剂反应，有引起燃烧的火灾危险性。因此原油不应与氧化剂、硝酸等同库储存。

原油作为一种特殊的易燃液体，除具有易燃易爆危险性外，同时它还容易发生沸腾喷溢。这是由于原油的粘度较大，沸程较宽，且油品中含有一定的水分。油罐发生火灾后，罐内液体的沸腾温度比贮罐侧壁温度低，液体则以对流的方式沿整个深度进行加热，使油中的水分或油罐底部的水层被加热沸腾。沸腾的水形成快速膨胀的水蒸气和油泡沫，造成大量燃烧着的油液溢出或喷溅，使油液四处流散。燃烧的油罐一旦发生沸溢或喷溅，不但会迅速扩大火灾范围，而且还会威胁扑救人员的安全，具有极大的危险性。

第四节　易燃固体、易于自燃的物质、遇水放出易燃气体的物质

易燃固体、易于自燃的物质、遇水放出易燃气体的物质化学性质活泼，露置于空气中或在常温下遇水、遇酸即会发生剧烈反应，放出大量热量，易引起燃烧，甚至产生爆炸。

一、易燃固体

易燃固体是指对热、撞击、摩擦比较敏感，易被外部火源点燃的固体。这类物质主要包括一些化工原料及其制品、具有燃烧性的低熔点非金属单质和最小点燃能量较低而燃烧热很高的金属粉末等。

1. 易燃固体的危险特性

(1) 燃点低、易点燃

易燃固体的着火点都比较低，一般都在300 ℃以下，在常温下只要有能量很小的着火源与之作用即能引起燃烧。如镁粉、铝粉只要有20 mJ的点火能即可点燃；硫黄、生松香则只需15 mJ的点火能即可点燃。有些易燃固体当受到摩擦、撞击等外力作用时也能引发燃烧。所以，易燃固体在储存、运输、装卸过程中，应当注意轻拿轻

放，避免摩擦撞击等外力作用。

（2）遇酸、氧化剂易燃易爆

绝大多数易燃固体遇无机酸性腐蚀品、氧化剂等能够立即引起着火或爆炸。如发孔剂 H 与酸性物质接触能立即起火；萘与发烟硫酸接触反应非常剧烈，甚至引起爆炸；红磷与氯酸钾、硫黄与过氧化钠或氯酸钾相遇，稍经摩擦或撞击，都会引起着火或爆炸。所以，易燃固体绝对不能与氧化剂、酸类混储混运。

（3）本身或燃烧产物有毒

很多易燃固体本身就是具有毒害性或燃烧后能产生有毒气体的物质，如硫黄、三硫化四磷等，不仅与皮肤接触（特别夏季有汗的情况下）能引起中毒，而且粉尘被吸入后，亦能引起中毒；硝基化合物、硝化棉及其制品，重氮氨基苯等易燃固体，由于本身含有硝基（$—NO_2$）、亚硝基（—NO）、重氮基（—N ═N—）等不稳定的基团，在快速燃烧的条件下，还有可能转为爆炸，燃烧时亦会产生大量的一氧化碳、氮氧化物、氰化氢等有毒气体，故应特别注意防毒。

（4）遇湿易燃性

硫的磷化物类，不仅具有遇火受热的易燃性，而且还具有遇湿易燃性。如五硫化二磷、三硫化四磷等，遇水能产生具有腐蚀性和毒性的可燃气体硫化氢。所以，对此类物品还应注意防水、防潮，着火时不可用水扑救。

（5）自燃危险性

易燃固体中的赛璐珞、硝化棉及其制品等在积热不散的条件下都容易自燃起火，硝化棉在 40 ℃的条件下就会分解。因此，这些易燃固体在储存和水上运输时，一定要注意通风、降温、散潮，堆垛不可过大过高，加强养护管理，防止自燃造成火灾。

2. 影响易燃固体危险特性的因素

影响易燃固体危险特性的因素，除与其本身的化学组成和分子结构有关外，还与下列因素有关：

（1）单位体积的表面积

同样的固体物质，单位体积的表面积越大，其火灾危险就越大，反之则越小。因为固体物质的燃烧，首先是从物质的表面上开始的，而后逐渐深入物质的内部，所以，物质的体表面积越大，和空气中的氧接触机会越多，氧化作用就越容易、越普遍，燃烧速度也就越快。如松木片的燃点为 238 ℃，而松木粉燃点为 196 ℃；赛璐珞板片的燃点是 150～180 ℃，而赛璐珞粉的燃点是 130～140 ℃。实际观测得知，一块 1 cm^2 的木头，若将其分成 0.01 mm 见方的颗粒，其表面积就会从原来的 6 cm^2 增大到 6 000 cm^2。所以粉状物比块状物易燃，松散物比堆捆物易燃，就是由于增大了与空气中氧气接触面积的缘故。

（2）热分解温度

硝化纤维及其制品、硝基化合物、某些合成树脂和棉花等由多种元素组成的固体物质，其火灾危险性还取决于热分解温度。一般规律是：热分解温度越低，燃速越快，火灾危险性就越大，反之则越小。一些易燃固体的热分解温度与燃点的关系见表 2-4-1。

表 2-4-1　一些易燃固体的热分解温度与燃点的关系

固体名称	热分解温度/℃	燃点/℃
硝化棉	40	180
赛璐珞	90～100	150～180
麻	107	150～200
棉	120	210
蚕丝	235	250～300

(3) 含水率

固体的含水率不同，其燃烧性也不同。如硝化棉含水在35%以上时，就比较稳定，若含水率在20%时就有着火危险，稍经摩擦、撞击或遇其他火种作用，都易引起着火。又如，在危险化学品的管理中，干的或未浸湿的二硝基苯酚，有很大的爆炸危险性，所以列为爆炸品管理；但含水量达15%以上时，就主要表现为着火而不易发生爆炸。故对此类列为易燃固体管理。若二硝基苯酚完全溶解在水中时，其燃烧性能大大降低，主要表现为毒害性，所以将这样的二硝基苯酚列为毒害品管理。

3. 常见的易燃固体

(1) 硫黄

硫黄(S)又称为硫，有多种同素异形体，如斜方硫、单斜硫、无定形硫等，主要用于制造硫酸、亚硫酸、二硫化碳、火柴、黑火药、硫化橡胶、杀虫剂、染料以及药物等。

硫黄为淡黄色脆性结晶体或粉状物，有特殊臭味。硫黄相对密度为2.0，不溶于水，散落水中会下沉。微溶于乙醇、醚，易溶于二硫化碳。受热会熔化，熔点为119 ℃，沸点为444.6 ℃，火灾中易熔化成液态而流淌。自燃点为232.2 ℃，火焰温度约为1 800 ℃。

硫和汞在常温下能直接反应：

$$Hg+S = HgS(黑色)$$

因此，实验室或使用汞的生产中，常用硫粉来处理散落的汞滴。

硫黄属二级易燃固体，在空气中遇明火、高热等易发生燃烧，燃烧火焰呈蓝色。粉末与空气混合形成爆炸性混合物，爆炸下限为2.3 g/m³。发生的反应为：

$$S+O_2 = SO_2$$

与卤素、磷、金属粉末以及氧化剂接触发生剧烈化学反应，放出热量，易燃烧爆炸。受潮的硫若长时间与铁接触，有自燃危险。硫黄为不良导体，在储运过程中易产生静电而导致硫尘起火。2006年2月24日，江苏省南京市溧水县某硫黄厂，硫黄粉末与空气的混合物因电火花突然发生爆炸，巨大的黄色蘑菇云烟雾腾空而起，厂房瞬间全部倒塌。

硫黄属低毒物品，其蒸气毒害性大，易造成人员中毒。直接接触可引起眼结膜炎、皮肤湿疹，对皮肤、黏膜有一定刺激性。硫黄燃烧产生的二氧化硫，毒害性更大，有强烈的刺激性和腐蚀性，能引起咳嗽、流泪，吸入会出现头痛、头晕、乏力和呕吐等症状，严重时呼吸困难，甚至昏迷。

硫黄应储存于阴凉、通风的库房内，远离火种、热源，防止日光曝晒，并与氧化剂和磷等物品分开存放。搬运时轻装轻卸，防止包装及容器损坏。

硫黄着火时，小火可用砂土等覆盖处理；大火则要用雾状水灭火。事故处置过程中，消防员应佩戴空气呼吸器或防毒面具。

(2) 硝基化合物

此类物质本身含有硝基（$—NO_2$）、亚硝基（—NO）等不稳定的基团，受热易于分解，形成以分解式燃烧为主的燃烧过程。在快速燃烧条件下，有可能转化为爆炸式燃烧。燃烧爆炸过程中，还会产生大量的一氧化碳、氧化氮等有毒有害气体。

例如，硝化棉又叫硝酸纤维素，含氮量一般为 10%～14%，呈硝酰基在分子中。含氮量越高，越不稳定，越易爆炸。通常将含氮量 12.5%以下的划为易燃固体，含氮量在 12.5%以上者划为爆炸品。含氮约 13%的为火棉，易燃烧且有爆炸性；含氮量约 11%的为胶棉，易燃但无爆炸性。硝化棉燃烧速度极快，干燥的硝化棉久置后会变质自燃，在生产贮存中通常加乙醇、丙醇或水作湿润剂，防止氧化自燃。2015 年 8 月 12 日，天津滨海瑞海公司危险品仓库的火灾爆炸事故造成 165 人遇难，其中认定的最初着火物质硝化棉及硝基漆片共 32.97 吨。

赛璐珞是制造乒乓球、眼镜架、手风琴外壳等必不可少的材料。其组分大致为：硝化棉 74%，樟脑 24%，酒精和水 2%。它的自燃点为 180 ℃，燃点平均为 125 ℃，在空气中能迅速燃烧产生 1 300 ℃～1 500 ℃的高温。赛璐珞分解温度为 100 ℃～115 ℃，在受潮、闷热、久置堆放条件下易分解发热，发霉变质，自燃点可降至 154 ℃，极易自燃。在绝氧条件下也能分解燃烧。

赛璐珞及其制品一旦发生火灾，燃烧猛烈，蔓延迅速，属分解燃烧，能发生瞬间爆炸燃烧。其燃速是等量纸的 15 倍，是等量木材的 18 倍。有资料记载，赛璐珞发生火灾，火焰喷出的距离可达 30 米以上，5 吨废影片起火后 5 分钟即燃为灰烬，爆炸时抛出的燃烧物能跌落到周围 90～120 米距离的地方。例如 1992 年 3 月，天津乒乓球厂因蒸气管道周围堆满赛璐珞废品、半成品，造成自燃火灾。着火点在一楼，即刻从门窗孔洞窜至二楼，引燃二楼堆放的赛璐珞制品，火势凶猛，火焰强、温度高，产生大量浓烟和有毒气体，造成 8 人死亡。

(3) 易燃金属粉末

易燃金属化学性质较活泼，还原性强，不仅在空气中能燃烧，有的甚至在二氧化碳、氮气等惰性介质中也能燃烧，在高温下还能与水、卤代烷等发生化学反应，产生氢气和二氧化碳等气体。

镁在空气中剧烈燃烧，与氧化合的同时也生成了氮化镁的白色粉末，遇湿还会产生氨气。镁、铝、钛等金属呈块状时，一般不会自燃；呈粉末状时，燃点、自燃点均降低，与氧化剂形成的混合物极易点燃并放出大量热。钛粉在空气、二氧化碳及氮气中均可燃烧，而且是唯一能在氮气中激烈燃烧的物质。

易燃金属粉末燃烧热大，产生高温，火焰耀眼，但火苗不高或无火焰。如果在空气中呈悬浮粉尘时，还具有爆炸危险性，最小点燃能量仅几十毫焦耳。

二、易于自燃的物质

易于自燃的物质无须在外界火源的作用下，由于其自身受空气氧化或外界温度、湿度的影响，能发热并积热不散达到自燃点而引起燃烧。

1. 危险特性

易于自燃的物质由于其化学组成和结构不同，受温度、湿度等自然条件的影响不同，而表现不同的危险特性。

(1) 氧化自燃性

易于自燃的物质大部分性质非常活泼，遇空气即迅速与空气中的氧化合，并产生大量的热，达到其自燃点而着火。接触其他氧化性物质则可能发生更加剧烈的反应，甚至爆炸。如黄磷非常容易氧化，自燃点低，常温下遇空气即自燃起火，生成有毒的五氧化二磷。此类物品的包装必须保证密闭，充氮气保护或根据其特性用液封密闭，如黄磷必须存放在水中。

易于自燃的物质中有一些是组成中含有不饱和键的化合物，它们遇氧或氧化剂发生氧化反应不快，放出的热量也不足以引发燃烧。但若通风不良，热量积聚不散，致使温度升高，又会加快氧化速度，产生更多的热量，最后导致自燃。如桐油的主要成分为桐油酸甘油酯，其分子中含有三个双键。若将桐油浸涂在纸或布条上，则桐油与空气中的氧充分接触并相互作用，热量积聚而引起燃烧。

(2) 分解自燃性

分解自燃是指易于自燃的物质因分解放热而引起的自燃。如硝化纤维及其制品(硝化纤维胶片、底片、废硝化纤维电影胶片等)，由于本身含有硝基，化学性质很不稳定，在常温下就能在空气中缓慢分解。若在光、热、水分作用下则分解的更快，分解放出的一氧化氮气体极不稳定，又被空气中的氧化合生成二氧化氮，而二氧化氮会与空气中的水蒸气化合生成硝酸(HNO_3)或亚硝酸(HNO_2)。硝酸或亚硝酸被吸附在硝化纤维表面，会进一步加速硝化纤维制品的分解，放出的热量越来越多，当温度达到自燃点时即引起自燃，且燃烧速度极快，火焰温度高，火势凶猛，并伴有有毒和刺激性气体放出。

值得注意的是，硝化纤维及其制品分子中含有$—ONO_2$基团，故又具有一定的氧化性。一旦发生分解，在空气不足的条件下也会发生自燃，在高温下，即使没有空气也会因自身含有氧而分解燃烧。

(3) 遇水燃烧爆炸性

硼、锌、锑、铝等金属的烷基化合物类，如二甲基锌、三甲基铝、三乙基铝等易于自燃的物质，化学性质活泼，具有极强的还原性，遇氧化剂和酸类反应剧烈。除在空气中能自燃外，遇水或受潮还会发生强烈分解而自燃或爆炸。如三乙基铝在空气中能氧化而自燃：

$$2Al(C_2H_5)_3+21O_2 = 12CO_2+15H_2O+Al_2O_3$$

三乙基铝遇水也会发生剧烈反应，生成氢氧化铝和乙烷，同时放出大量的热，从而导致乙烷爆炸。

$$Al(C_2H_5)_3+3H_2O = Al(OH)_3+3C_2H_6\uparrow$$

这些易于自燃的物质遇空气、遇湿时火灾危险性极大，在储存、运输过程中包装应充氮密封，防水防潮。一旦发生火灾，不能用水或泡沫等灭火剂扑救。

2. 常见易于自燃的物质(黄磷)

黄磷又称为白磷，纯品为无色而透明的晶状固体，受光和空气作用后表面变为淡黄色。在黑暗中可以见到淡绿色的磷光，这是因为磷所放出的微量蒸气与空气中的氧化合的缘故。黄磷低温时发脆，随温度升高而变软，其熔点为 44.1 ℃，沸点为 280 ℃，密度为 1.82，不溶于水，微溶于苯和氯仿，易溶于二硫化碳。

黄磷化学性质非常活泼，自燃点低，在空气中极易氧化，平时需置于水中，离开水面即能自燃，即与氧气相互作用，产生白烟并迅速着火燃烧，生成五氧化二磷。

$$4P+5O_2 = 2P_2O_5$$

黄磷受到摩擦、撞击或与氯酸钾等氧化剂接触，能立即燃烧甚至爆炸。2005 年 3 月 8 日，一辆运输黄磷的车辆行至湖北某市城区时，由于交通事故造成容器内的黄磷发生自燃，一黄磷桶突然发生爆炸，黄磷四处喷溅，导致 79 人被严重灼伤。

黄磷有剧毒，误服 0.1 克就可能致死。其蒸气及粉尘经呼吸道进入人体，吸入少量即可能导致严重中毒甚至死亡。黄磷露置于空气中自燃产生的白色烟雾主要成分为五氧化二磷，也具有强毒害性，对人畜的危害极大。如果黄磷与皮肤接触，就会发生燃烧、熔融，会对皮肤造成严重灼伤。磷烧伤的伤口由于周围组织破坏，因而很难愈合。2005 年 7 月 2 日凌晨 3 时许，四川某黄磷厂泥磷池发生垮塌，80 m^3 密封水流失，池内黄磷裸露自燃，造成 1 人中毒死亡，5 人灼伤。

黄磷燃烧产生的五氧化二磷易造成空气污染，与硫、卤素和氢气等物质也易发生化学反应，产生有毒的物质，污染周边环境。2005 年 12 月 8 日，一辆载有 14.6t 黄磷的运输车在广西某市城区翻车，车载的黄磷遇空气自燃，燃烧产生的浓烟弥漫整个市区，大气受到严重污染，31 万人生活受到浓烟影响。

黄磷应浸没在水中以隔绝空气，并远离火种、热源存放。如果引发事故，应用雾状水或砂土进行处置。回收的黄磷必须移入水中，防止复燃。

三、遇水放出易燃气体的物质

遇水或受潮时，遇水放出易燃气体的物质会与水发生剧烈化学反应，并在这一过程中放出大量的易燃气体和热量。

1. 危险特性

遇水放出易燃气体的物质主要包括碱金属、碱土金属及其氢化物和硼烷类等，这类物品火灾危险性较大。在生产和贮存中，所有遇水放出易燃气体的物质均划为甲

类火灾危险物品类别中。

(1) 遇水易燃易爆

遇水相互作用并导致燃烧爆炸，这是该类物品的通性。其特点是：

遇水后发生剧烈的化学反应使水分解，夺取水中的氧与之化合，放出可燃气体和热量。当可燃气体在空气中达到一定的量，或接触明火，或由于反应放出的热量达到引燃温度时就会发生着火或爆炸。如金属钠、氢化钠、二硼氢等遇水反应剧烈，放出氢气多，产生热量大，能直接使氢气爆炸。

遇水后反应较为缓慢，放出的可燃气体和热量少，可燃气体接触明火时才能引起燃烧。如氢化铝、硼氢化钠等都属于这种情况。

电石、碳化铝、甲基钠等遇水放出易燃气体的物质盛放在密闭容器内，遇湿后放出的乙炔和甲烷及热量逸散不出来而积累，致使容器内的气体越积越多，压力越来越大，当超过了容器的强度时就会胀裂容器以致发生化学爆炸。

(2) 遇氧化剂和酸着火爆炸

遇水放出易燃气体的物质除遇水能反应外，遇到氧化剂、酸也能发生反应，而且比遇到水的反应更加剧烈，危险性更大。有些遇水反应较为缓慢，当遇到酸和氧化剂时也能发生剧烈反应。如锌在常温下与水反应缓慢，但放入酸中，即使是较稀的酸，反应也非常剧烈，放出大量的氢气。这是因为遇水放出易燃气体的物质都是还原性很强的物品，而氧化剂和酸类等物品都具有较强的氧化性，所以它们接触后反应更加剧烈。

(3) 自燃危险性

有些物品不仅有遇湿易燃危险，而且还有自燃危险性。如金属粉末类的锌粉、铝镁粉等，在潮湿空气中能自燃，与水接触，特别是在高温下反应比较强烈，能放出氢气和热量。铝镁粉是金属镁粉和金属铝粉的混合物。铝镁粉与水反应比镁粉或铝粉单独与水反应要强烈得多。因为镁粉或铝粉单独与水(汽)反应，除产生氢气外，还生成氢氧化镁或氢氧化铝，后者能形成保护膜，阻止反应继续进行，不会引起自燃。而铝镁粉与水反应则同时生成氢氧化镁和氢氧化铝，这后两者之间又能起反应生成偏铝酸镁。偏铝酸镁能溶解于水，破坏了氢氧化镁、氢氧化铝对镁粉和铝粉的保护作用，使铝镁粉不断地与水发生剧烈反应，产生氢气和大量的热，从而引起燃烧。

$$2Al+6H_2O = 2Al(OH)_3+3H_2\uparrow$$

$$Mg+2H_2O = Mg(OH)_2+H_2\uparrow$$

$$Mg(OH)_2+2Al(OH)_3 = Mg(AlO_2)_2+4H_2O$$

另外，金属的硅化物、磷化物类物品遇水能放出在空气中能自燃且有毒的气体四氢化硅和磷化氢，这类气体的自燃危险很大。如硅化镁和磷化钙与水的反应：

$$Mg_2Si+4H_2O = 2Mg(OH)_2+SiH_4\uparrow$$

$$Ca_3P_2+6H_2O = 3Ca(OH)_2+2PH_3\uparrow$$

(4) 毒害性和腐蚀性

在遇水放出易燃气体的物质中，有一些与水反应生成的气体是易燃有毒的，如乙炔、磷化氢、四氢化硅等。尤其是金属的磷化物、硫化物与水反应，可放出有毒的可燃气体，并放出一定的热量；同时，遇水放出易燃气体的物质本身有很多也是有毒的，如钠汞齐、钾汞齐等都是毒害性很强的物质。硼和氢的金属化合物类的毒性比氰化氢、光气的毒性还大。因此，还应特别注意防毒。

碱金属及其氢化物类、碳化物类与水作用生成的强碱，都具有很强的腐蚀性，故还应注意防腐蚀。

2. 常见的遇水放出易燃气体的物质

(1) 电石

电石主要用于生产乙炔，进而生产聚氯乙烯(PVC)、醋酸乙烯、氯丁橡胶、三氯乙烯、四氯乙烯和双氰胺等化工产品，也可用于钢铁冶炼工业中脱硫以及金属加工业的切割和焊接。目前我国是世界上最大的电石生产和消费国，年产量达 900 万吨。

电石化学名为碳化钙(CaC_2)，为无色晶体，工业品中往往含有磷、硫等杂质，呈灰黑色、棕黄色或褐色块状固体或暗灰色粉末，其结晶断面为紫色或灰色。熔点高达 2 300 ℃，露置于空气中易潮解，常温下与水会发生剧烈反应，生成乙炔气体和氢氧化钙，并放出热量。

$$CaC_2 + 2H_2O = Ca(OH)_2 + C_2H_2 \uparrow$$

电石性质活泼，与水或酸类物质接触，都会发生剧烈反应，放出热量，可能引起喷溅。生成的乙炔气体易燃易爆，爆炸浓度极限为 2.5%～82%，遇明火、高温或受到撞击、强烈震动等，极易引发燃烧爆炸。由于含有磷、硫等杂质，反应中还会产生少量硫化氢、磷化氢气体。当硫化氢超过 0.15%、磷化氢含量超过 0.08%时，容易引起自燃爆炸，也有引起中毒的危险。反应中生成的乙炔气与银、铜等金属接触，能生成敏感度高的爆炸性物质；与氟、氯等气体接触也会引发燃烧爆炸。

皮肤、黏膜接触电石会造成皮炎和灼伤，引起皮肤瘙痒、炎症、“鸟眼”样溃疡以及黑皮病。皮肤灼伤表现为创面长期难以愈合以及慢性溃疡型。长期接触电石表现出汗少、牙釉质损害和龋齿发病率增高。

电石如果大量散落到河流、湖泊或潮湿地时，反应产生的电石渣浆(主要成分为 $Ca(OH)_2$)呈强碱性，其渣液 pH 值可达 12 以上，硫化物超标，极易给环境造成严重污染，对扩散区域的各种生物会造成严重危害。2006 年 2 月 4 日，位于陕北米脂县境内的陕西某氯碱化工有限公司电石废液沉淀池发生垮塌，约 1 100 吨废水泄漏，造成附近的无定河水体污染。经环境执法人员取样化验，沉淀池中废液 pH 值达13.1，硫化物 289.4 mg/L。

电石储运包装的主要形式是铁桶，且包装内充氮保护，有些地区开始采用聚乙烯压薄膜编织袋进行包装。电石包装不严密或一旦损坏，储运过程中极易造成灾害事故，火灾扑救和事故处置中严禁用水、泡沫等灭火剂。

(2) 钠

金属钠作为化工基本原料，在造纸、制药、农药、印染等工业均有广泛用途，主要用于制备靛蓝染料、磷酸三甲苯酯、硼氢化钠、叠氮化钠、甲醇钠、过氧化钠和氢化钠等化学品。此外，在核能利用方面，呈液态的钠合金具有比其他金属更为优良的导热

性能，常用作核反应堆的导热剂。近年来，我国市场金属钠年消费量约为 6～7 万吨。

金属钠(Na)是一种活泼的碱金属，呈银白色，熔点 97.8 ℃，相对密度 0.97，比水轻，不溶于煤油。在低温时脆硬，常温时质软如蜡，可用刀切割。

钠的化学性质非常活泼，能与许多非金属和一些化合物发生反应。如被切开的金属钠断面，在空气中银白色很快变暗，即为在常温下与氧气的化合，表面生成了氧化钠：

$$4Na+O_2 = 2Na_2O$$

如果受热，钠能在空气中燃烧。在纯净的氧气中燃烧得更加剧烈，发出黄色火焰，生成过氧化钠固体：

$$2Na+O_2 \overset{\triangle}{=} Na_2O_2$$

钠所形成的各种化合物灼烧时，火焰也呈黄色。化学上常利用不同金属元素形成的单质或化合物灼烧时火焰呈现的不同颜色来判断某些金属元素的存在，这叫焰色反应。节日里燃放的五彩缤纷的焰火，军事上使用的各色信号弹，都是根据这个原理制成的。常见的一些金属或金属离子焰色反应的颜色见表 2-4-2。

表 2-4-2　常见金属或金属离子焰色反应的颜色

钠	钾	锂	铷	钙	锶	钡	铜
黄色	紫色	紫红色	紫色	砖红色	洋红色	黄绿色	绿色

如果将金属钠加入水中，钠与水会发生剧烈反应。钠熔化成闪亮的小球，在水面上游动，发出轻微的嘶嘶声。

$$2Na+2H_2O = 2NaOH+H_2\uparrow$$

由于钠极易与氧气和水反应，因此通常将它保存在煤油里。

金属钠属一级遇水放出易燃气体的物质，暴露在空气或氧气中能自发燃烧，与卤素、水和酸类接触会剧烈反应，尤其在水或酸中会引起喷溅，同时生成易燃易爆的氢气，爆炸浓度极限为 4%～75%。反应中还放出大量的热，极易引发燃烧爆炸。

金属钠与潮湿皮肤和黏膜接触会造成严重灼伤，创面难以治愈。钠在空气中燃烧产生以过氧化钠为主要成分的烟雾，与水作用生成氢氧化钠，这些都对鼻、咽喉以及上呼吸道有极强的腐蚀作用和刺激作用。

大量金属钠如果散落到河流、湖泊或潮湿地，反应后的产物呈强碱性（主要成分为 NaOH），极易给环境造成严重污染，各种生物会造成严重危害。

金属钠储运过程中必须用铁桶密封包装，并加煤油保护，使其与空气完全隔绝。存放金属钠的仓库必须保持干燥，地势要高，以防雨水浸入。

第五节　氧化性物质和有机过氧化物

氧化性物质和有机过氧化物均具有强氧化性，在不同的条件下，遇酸碱、受热受潮或接触还原性物质，即能分解，放出性质活泼的氧，发生氧化还原反应，引起燃烧，并对摩擦、撞击等较为敏感。

一、氧化性物质

氧化性物质是指本身未必燃烧，但通常因放出氧可能引起或促使其他物质燃烧的物质。本身不一定可燃，但有助于可燃物的燃烧，与松软的粉末状可燃物能组成爆炸性混合物，对摩擦、撞击较敏感。

1. 危险特性

(1) 引发燃烧爆炸

氧化性物质具有强烈的氧化性，其化学组成中含有高价态的氯、溴、碘、氮、硫、锰、铬等元素，这些高价态的元素都有较强的获得电子能力，化学性质活泼，大多数本身不燃不爆，但与木炭粉、硫黄、磷、金属粉末等可燃物作用能发生剧烈氧化反应，引起燃烧或爆炸。如高锰酸盐、过氧化氢、硝酸盐和氯的含氧酸盐等，都表现出极强的氧化性，与粉状可燃物混合易形成爆炸性混合物，其燃烧爆炸的危险性非常突出。通常情况下，可燃物在氧化性物质存在时的燃烧要比在空气中燃烧更为激烈。有些氧化性物质如氯酸盐类、硝酸盐类等，对热和机械震动极为敏感。受热或受撞击摩擦时易于分解，放出氧气，同时释放出大量的分解热。

储运这些氧化性物质时，不但应防止受热和与易燃物、有机物接触，在装卸过程中还要注意轻装轻卸，避免摩擦、撞击和震动。同时氧化性物质的包装材料、仓库和运输车辆等必须清扫干净，以防可燃杂质混入而增加其引发燃烧爆炸的危险性。

(2) 遇强酸猛烈反应而分解

氧化性物质遇酸后，大多数不但能发生反应，而且常常是反应剧烈，甚至还可能引起爆炸。如过氧化钠、高锰酸钾与硫酸，氯酸钾与硝酸接触都十分危险。

$$Na_2O_2+H_2SO_4 = Na_2SO_4+H_2O_2$$

$$2KMnO_4+H_2SO_4 = K_2SO_4+2HMnO_4$$

$$KClO_3+HNO_3 = KNO_3+HClO_3$$

在上述反应的生成物中，除硫酸盐、硝酸盐比较稳定外，过氧化氢、高锰酸、氯酸等都是一些性质很不稳定的氧化性物质，极易分解放出氧而引起燃烧或爆炸。例如：

$$2H_2O_2 = 2H_2O+O_2\uparrow$$

$$4HMnO_4 = 4MnO_2+2H_2O+3O_2\uparrow$$

$$26HClO_3 = 10HClO_4+8Cl_2+8H_2O+15O_2\uparrow$$

由此可见，氧化性物质不得与酸类物质混存混运，也不可用酸碱灭火剂扑救该类

物质引发的火灾。

(3) 与可燃液体作用易自燃

氧化性物质与可燃或易燃液体接触，即可发生不同程度的化学反应从而引起自燃。如高锰酸钾与甘油或乙二醇接触，过氧化钠与甲醇或醋酸接触，三氧化铬与丙酮或香蕉水接触等，均能引起自燃起火。高锰酸钾与甘油、过氧化钠与甲醇的反应如下：

$$6KMnO_4+2C_3H_5(OH)_3 \longrightarrow 6MnO_2+6KOH+6CO_2+5H_2O+[O]$$

$$2Na_2O_2+CH_3OH \longrightarrow 3Na_2O+CO_2+2H_2O$$

氧化性物质与可燃或易燃液体混合接触之所以能引起自燃，主要取决于接触物质之间的反应性。此外，可燃或易燃液体与氧化性物质接触面积大，反应速度快，放出热量多，其自燃危险性增大。

(4) 强氧化性物质与弱氧化性物质作用能分解

氧化性物质中的强氧化性物质与弱氧化性物质相互之间接触能发生氧化反应，产生高热而引起燃烧或爆炸。例如，漂白粉、亚硝酸盐、亚氯酸盐、次氯酸盐等具有氧化性和还原性双重性的无机氧化性物质，当遇到氧化性更强的氯酸盐、硝酸盐、高锰酸盐、高氯酸盐等氧化性物质时，即显示出还原性，发生剧烈反应，引起燃烧或爆炸。因此，对上述这类具有双重性质的氧化性物质，不能与比它们强的氧化性物质混合储运。

(5) 腐蚀毒害性

有些氧化性物质具有一定的毒性和腐蚀性，极易造成人体中毒，腐蚀、灼伤皮肤。例如，铬酸酐、重铬酸盐等既有毒性，又会对直接接触的皮肤造成严重伤害；过氧化钠、过氧化钾等过氧化物有较强的腐蚀性。因此，储运这类物品和扑灭其火灾时，必须加强安全防护。

2. 常见的氧化性物质

(1) 氯酸钾

氯酸钾广泛应用于印染氧化、印刷油墨、造纸漂白、医药杀菌防腐、农用除草剂以及炸药生产、金属冶炼、医药生产和化学分析等行业，也是制造高氯酸钾的原料。

氯酸钾化学式为 $KClO_3$，又名白药粉、盐酸加里，为无色片状结晶或白色颗粒粉末，味咸而凉。能溶于水，不溶于醇和甘油。相对密度 2.32，熔点 368.4 ℃，沸点 400 ℃(分解)，加热到 610 ℃时能分解放出所有的氧。

氯酸钾是一种强氧化性物质，常温下稳定，不能燃烧，但受热、冲击情况下易发生爆炸。2001 年 7 月 7 日，海南省农科院某化验室 2 名临时工在粉碎结块的氯酸钾时，违规用铁锤直接敲击而引发爆炸。造成 3 人死亡，三层楼房被炸塌。

氯酸钾与硫、磷、金属粉末等易燃物以及有机物(如糖等)混和会形成爆炸性混合物，遇明火、摩擦、撞击时，极易发生燃烧或爆炸。

$$2KClO_3+3S = 2KCl+3SO_2$$

$$5KClO_3 + 6P \xlongequal{} 5KCl + 3P_2O_5$$

若有二氧化锰等催化剂存在，则在较低温度下也能分解而快速放出氧气。

$$2KClO_3 \xlongequal{\triangle} 2KCl + 3O_2 \uparrow$$

氯酸钾与酸接触反应剧烈，与弱氧化性物质接触也相互作用，产生高热而引起燃烧或爆炸。如氯酸钾遇浓硫酸则生成高氯酸（$KClO_4$）及二氧化氯（ClO_2）：

$$3KClO_3 + 3H_2SO_4 \xlongequal{} 3KHSO_4 + HClO_4 + 2ClO_2 + H_2O$$

所生成的高氯酸是一种极强的酸，也具有强的氧化性，生成的二氧化氯（ClO_2）是一种极不稳定、易发生爆炸的物质。氯酸钾遇其他物质的危险反应见表 2-5-1 所示。

表 2-5-1　氯酸钾遇其他物质的危险反应

物质	状况	反应
硫黄	摩擦、冲击、加热	爆炸
二硫化碳	摩擦、冲击、加热	爆炸
有机硫、硫化物	摩擦、冲击、加热	爆炸
红磷	摩擦、冲击、加热	爆炸
硫氰酸铵	冲击、加热	着火
硫氰酸铵 + 铜 + 酒精	摩擦、冲击	爆炸
肼、羟、胺	接触	爆炸
氧化锌	静置潮湿空气中	发热
糖 + 铁氰化物	冲击	爆炸
可燃物粉末	摩擦、冲击	爆炸
胺类	摩擦、冲击	爆炸

氯酸钾有毒，其粉末易通过呼吸道、消化道和皮肤吸收而引起人体中毒。口服急性中毒的表现为高铁血红蛋白血症、胃肠炎，对肝肾有损害。内服 2～3 g，即可引起死亡。

氯酸钾对皮肤和黏膜刺激性强。皮肤接触，可引起皮肤烧灼、发痒，发生皮疹或疱疹。粉尘对呼吸道有刺激性，吸入后可引起喉、支气管的炎症、水肿、痉挛，化学性肺炎和肺水肿等。

氯酸钾不可存放于木结构库房，并应与有机物、磷、硫和金属粉末等分开存放。搬运时要轻装轻卸，防止包装破损，禁止撞击和摩擦。引发火灾时，应用雾状水、干粉、砂土进行处置。

（2）过氧化钠

过氧化钠化学式为 Na_2O_2，金属钠在空气或纯净的氧气中燃烧即能生成过氧化钠固体：

$$2Na + O_2 \xlongequal{\triangle} Na_2O_2$$

过氧化钠是一种淡黄色的固体，具有很强的氧化性。与水、酸类物质接触会发生剧烈反应。

$$Na_2O_2 + 2H_2O = 2NaOH + H_2O_2$$

$$2Na_2O_2 + H_2SO_4 = Na_2SO_4 + H_2O_2$$

过氧化氢（H_2O_2）又称双氧水，有微弱的特殊气味，很容易分解放出氧气。

$$2H_2O_2 \xlongequal{\triangle} 2H_2O + O_2\uparrow$$

因此，过氧化钠与金属粉末有少量水存在就会自燃着火；与无水乙酸接触就能发生剧烈反应而自燃着火；与草木、树皮、硫黄、棉等混合接触，受撞击也会自燃着火。过氧化钠储运过程中必须与可燃物隔离。

过氧化钠与皮肤接触，因与水作用放热，并生成具有强腐蚀性的氢氧化钠，极易造成皮肤灼伤。

过氧化钠露置于空气中，即与空气中的二氧化碳作用，产生氧气。

$$2Na_2O_2 + 2CO_2 = 2Na_2CO_3 + O_2$$

因此，过氧化钠应保存于密封容器中。引发火灾时，应用干砂、干土、干石粉处置，严禁用水、酸碱、泡沫和二氧化碳等灭火剂。

二、有机过氧化物

有机过氧化物是指分子组成中含过氧基（—O—O—）的有机物，其本身易燃易爆、极易分解，对热、震动和摩擦极为敏感。

1. 危险特性

有机过氧化物分子组成中的过氧基很不稳定，易分解放出原子氧，与无机氧化性物质相比，有更大的火灾爆炸危险。

（1）分解爆炸性

有机过氧化物都含有过氧基，而过氧基中的化学键的键能小，容易断裂，是极不稳定的结构，对热、震动、摩擦或冲击都极为敏感。一经受热、震动、冲击或酸碱等因素作用，就立即分解。如过氧化二苯甲酰当含水在1%以下时，稍有摩擦即会引起爆炸；过氧乙酸纯品极不稳定，在－20 ℃时也会爆炸。

（2）易燃性

氧化性物质大多数是不燃的，但有机过氧化物本身易燃烧，有些还极易燃烧。有机过氧化物的燃烧性取决于其活性氧含量、分解温度和闪点等因素。活性氧含量越高，分解温度和闪点越低，则其燃烧或爆炸危险性越大。部分常见有机过氧化物的危险性能见表2-5-2。

表 2-5-2　部分常见有机过氧化物的危险性能

氧化性物质名称	状态	分解温度(℃)	活性氧含量(%)	爆发点(℃)	闪点(℃)	储运要求
过氧二苯甲酰	粉状固体	105	6.61	125	—	加 25%～30%的水
过氧化氢异丙苯	油状液体	100	10.52		92	
过氧化甲乙酮	液体	80～100	18.20	205	58	
过氧化叔丁醇	液体	110	17.7		13	
过氧乙酸	液体	100	21.04	110	40	
二叔丁基过氧化物	液体	100	10.95		12	
过氧化二碳酸二环己酯	粉状固体	42	5.60			在 5 ℃以下
叔丁醇过氧化特戊酸酯	液体	55	9.98			在 0 ℃以下
过氧化十二酰	粉状固体	60～70	4.02			在 30 ℃以下
过氧化二碳酸双酯	粉状固体	56	4.02			在 20 ℃以下

（3）伤害性

有机过氧化物因其强氧化性，对人体的伤害突出表现在对眼睛、皮肤的灼伤。有时即使是短暂的接触，也会对眼角膜和黏膜造成严重的伤害。因此，应避免眼睛和皮肤直接接触有机过氧化物。

2. 常见有机过氧化物(过氧乙酸)

过氧乙酸是重要的有机过氧化物，主要作为纺织品、纸张、油脂、石蜡等的漂白剂，医药中的杀菌剂，有机合成中的氧化性物质、催化剂以及食品和饮用水等的消毒剂使用。2003 年“非典”期间，过氧乙酸作为一种高效速效消毒剂，被大量用于医疗救护单位和隔离区域的环境消毒。

过氧乙酸又名过乙酸、过氧乙酸，其分子式和结构式如下：

$$CH_3COOOH$$

分子式

$$CH_3—\overset{\overset{\large O}{\|}}{C}—O—O—H$$

结构式

过氧乙酸为无色透明液体，熔点 0.1 ℃，沸点 105 ℃，相对密度 1.15(20 ℃)，易挥发，闪点 40.6 ℃(开杯)，有强烈刺激性气味。易溶于水、乙醇、乙醚等，呈弱酸性，可与水以任意比例混合。

过氧乙酸性质不稳定，闪点低，遇明火、受热、摩擦、振动、撞击等都可引起爆炸燃烧，加热至 100 ℃即猛烈分解、爆炸。与强碱、金属盐类、还原剂、有机物以及可燃物等接触或混合会发生剧烈反应，有燃烧爆炸的危险。一般商品为 40%过氧乙酸溶液，温度稍高时，易分解产生氧气。一定条件下，过氧乙酸在密闭容器内先发生爆炸后燃烧。2003 年 5 月 11 日，云南省昆明市某洗消剂厂因过氧乙酸泄漏而引起爆炸，造成 5 人死亡，厂房和仓库全部被毁。

过氧乙酸对人体会产生伤害。对眼睛、皮肤、黏膜和上呼吸道有强烈刺激和腐蚀作用。吸入后可引起咽喉、支气管的炎症、水肿、痉挛，化学性肺炎和肺水肿。直接接触有烧灼感，可引起咳嗽、喘息、喉炎、头痛、恶心和呕吐。对皮肤有腐蚀作用，可致人体灼伤。长期接触，还可能致皮肤肿瘤。2003 年 5 月 2 日，上海市一辆中巴公交车上，一市民随身携带的盛装过氧乙酸消毒液的雪碧瓶爆裂，造成 15 名乘客灼伤。

过氧乙酸具有强氧化性，同时也具有强腐蚀性，能与金属和金属氧化物发生作用而改变物品原有性能。当大量过氧乙酸泄漏后，对所接触的机器、设施等会造成严重腐蚀和氧化，有些则造成致命损坏。

过氧乙酸及其挥发出的具有强刺激性的白色酸雾(主要是醋酸)密度比空气大，易聚集低洼处，对土壤、水域和空气造成严重污染。

过氧乙酸通常以槽罐、塑料桶、磨砂玻璃瓶等容器包装，远离火种及热源，储于 30 ℃以下的仓间内。

第六节　毒性物质

毒性物质是指经吞食、吸入或与皮肤接触后可能造成死亡或严重受伤或损害人类健康的物质。毒性物质侵入人体引起细胞功能失常，造成疾病称之为中毒。一定量的毒性物质侵入人体，引起迅速中毒，发生全身症状甚至中毒死亡者，称为急性中毒；少量毒性物质长期与人体接触中，逐渐侵入人体，蓄积起来引起中毒，称为慢性中毒；介于这两者之间的称为亚急性中毒。

一、危险特性

1. 毒害性

毒性物质的危险特性主要表现为对人体及其他动物的伤害，即造成中毒。按毒害性大小，毒性物质急性毒性可分为剧毒、高毒、中毒、低毒和微毒等五级。毒性物质引起人体及其他动物中毒的主要途径是通过呼吸道、消化道和皮肤渗透三个方面。

(1) 呼吸中毒

毒性物质中的气体、挥发性液体的蒸气和固体的粉尘，最容易通过呼吸器官进入人体。尤其在搬运、整理包装操作和灭火过程中，如果接触毒性物质的时间长，呼吸量就大，越容易中毒。如氢氰酸、溴甲烷、苯胺、一六零五、三氧化二砷等的蒸气和粉尘，经过人的呼吸道进入肺部，被肺泡表面所吸收，随着血液循环引起中毒。此外，呼吸道的鼻、喉、气管黏膜等，也具有相当大的吸收能力，容易中毒。

(2) 消化中毒

毒性物质的气体、粉尘或蒸气侵入人的消化器官引起中毒。通常是在接触毒性物质后，未经漱口、洗手就饮食、吸烟，或误将毒性物质吸入消化器官，进入胃肠引起中毒。有些毒性物质如砷和它的化合物，在水中不溶或溶解度很低，但通过胃液后则变为可溶物被人体吸收，引起人体中毒。

(3) 皮肤中毒

一些能溶于水或脂肪的毒性物质，皮肤接触后，易侵入皮肤引起中毒。很多毒性物质能通过皮肤破裂的地方侵入人体，并随着血液循环而迅速扩散，如硝基苯、苯胺、联苯胺、有机汞及农药中的一六零五等。特别是氰化物的血液中毒，能迅速地导致死亡。此外，有些毒性物质对人体的黏膜(如眼角膜)有较大的危害，如氯苯乙酮等。

2. 燃烧爆炸性

毒性物质除了具有较大的毒害性，有些还具有一定的燃烧爆炸性。如大多数的有机毒性物质遇明火、高温或氧化剂等均有引起燃烧的危险，二硝基萘酚、二硝基苯酚钠等化合物受高热或强烈撞击有发生爆炸的危险。而许多无机毒性物质本身虽不燃，但其中的氰化物(如氰化钠、氰化钾等)，遇水或受潮会分解放出极毒且易燃的氰化氢气体；硒化物遇酸、高热、酸雾或水解能放出易燃且有毒的硒化氢气体。

此外，无机毒性物质中的锑、汞和铅等金属的氧化物都具有一定的氧化性。如五氧化二锑本身不燃，但氧化性很强，380 ℃时即分解；四氧化铅(红丹)、红降汞(红色氧化汞)、黄降汞(黄色氧化汞)、硝酸铊、硝酸汞、钒酸钾、钒酸铵、五氧化二钒等，它们本身都不燃，但都是弱氧化剂，在 500 ℃时分解，当与可燃物接触后，易引起着火或爆炸，并产生毒性极强的气体。

二、常见毒性物质(氰化钠)

氰化钠的用途广泛，是赤血盐和黄血盐染料的原料，且大量用于金、银等贵重金属的提纯筛选、电镀和农药制造等。近年来，我国市场氰化钠的年消费量约为 10 万～12 万吨。

氰化钠(NaCN)又称为山奈钠、山奈，为白色粉末状结晶，有潮解性，易溶于水，水溶液呈碱性。与氯酸盐、硝酸盐接触会发生强烈反应。

氰化钠具有剧毒，大鼠经口半数致死量为 15 mg/kg，车间空气中的最高容许浓度为 0.3 mg/m^3(以氰化氢计算)，摄入少量即可能导致呼吸和心跳停止，造成“闪电型”中毒。氰化钠能通过呼吸系统、消化系统和皮肤进入人体，对呼吸酶有强烈抑制作用。接触皮肤破伤口极易侵入人体而造成死亡。中毒初期症状表现为面部潮红、心动过速、呼吸急促、头痛和头晕，然后出现焦虑、木僵、昏迷、阵发性抽搐、抽筋和大小便失禁，最后出现心动过缓、血压骤降和死亡。长期接触一定浓度的氰化物，虽然在人体内不易蓄积，但会造成氰化物慢性中毒，表现为神经衰弱，肌肉酸痛，全身无力，且易引发斑疹、丘疹或疱疹等皮肤炎症。从中毒病人的临床资料看，氰化钠对人的平均致死量为 150 mg。

氰化钠与酸接触产生的氰化氢气体同样有剧毒。2002 年 7 月 15 日，浙江宁波市鄞州区某电镀厂用塑料桶配制酒石酸溶液，该桶于前一天配制过 40 kg 氰化钠溶液，桶内存留较多氰化钠残液。当配药工朱某向桶内加入 25 kg 酒石酸后，桶内立即放出带刺激性气体。数分钟后，操作工陈某和朱某先后中毒倒地，最后陈某死亡。事

发后，经对配药桶内酒石酸残液采样，检出氰化物浓度达 12 mg/L。

氰化钠及其与水作用产生的氰化氢对大气、水域及土壤会造成严重的环境污染，对环境生物尤其是水生物会造成严重危害。当氰离子浓度为 0.02～0.5 mg/L 时，就会使鱼类致死。2000 年 1 月 31 日罗马尼亚西北部金矿含氰污水泄漏，对多瑙河的支流蒂萨河造成毁灭性污染。毒水流经之处，水中生物在极短的时间内暴亡，两岸居民从河里打捞的死鱼重达 13 余吨。有关专家调查表明，蒂萨河及其支流内 80% 的鱼类遭到灭绝。

用含氰污水灌溉水稻、小麦，或在氰化物污染严重的土地上种植果树，对水稻、小麦和果树的生长会产生不良影响，产量大幅度降低。浓度较高或用含氰污水水培植物时，部分植株易受害致死，残存植株也不能结实。如灌溉水中氰化物的含量为 10 mg/L 时，水稻产量为对照的 78%；含量为 50 mg/L 时，小麦和水稻都明显受害，水稻产量仅为对照的 34.7%，小麦为对照的 63%。检测结果表明，用含氰污水培育出的农作物及其果实中还会含有一定量的氰化物。

氰化钠自身不燃烧，但遇潮湿空气或与酸类接触会产生剧毒、易燃的氰化氢气体，其爆炸极限为 5.6%～40%。泄漏的氰化钠与氯酸盐、硝酸盐以及亚硝酸盐等接触会发生剧烈反应，引起燃烧爆炸。

【案例】

福建上杭氰化钠泄漏事故

2000 年 10 月 24 日，福建龙岩市上杭县发生一起因省外装载氰化钠槽罐车翻车导致的重大氰化钠泄漏污染事故。

10 月 24 日清晨 6 时许，一辆运载氰化钠溶液的槽罐车在通过福建省上杭县紫金山金矿矿区施工路段时不慎坠入 20 m 深的山涧，装载有 10.8 t 浓度 33% 的氰化钠溶液的槽罐脱落，液罐出口阀被折断，导致 8 吨氰化钠溶液外泄。事故造成肇事地点约 380×10 m 范围的土壤及溪水严重污染，梅溪村上坊自然村 15 户村民饮用水源也遭受严重污染，致使 98 人中毒，经济损失 360 余万元。

事故发生后，福建省龙岩市、上杭县紧急动员，精心组织抢险，公安民警、消防官兵与环保等有关部门通力协作，在紫金矿业集团工程技术人员的密切配合下，将事故槽罐内剩余的氰化钠溶液倒罐转移，并调集近 20 t 的漂白粉抢运到事故现场及附近水源进行前期消毒处置。筑起两道高 5 m 的坝体，形成了总容量达 12 500 m^3 的蓄洪池，在事故周边挖出了长约800 m、深约 0.5 m 的隔离、防洪沟，控制了污染源的扩大。卫生部门迅速从外地紧急调运用于氰化物中毒的消毒、解毒特效药品，确保 90 多名中毒者的用药需求。经过 6 个昼夜的奋力施救，至 10 月 30 日，事故现场及周边因泄漏氰化钠造成的污染基本得到控制。

第七节 放射性物质

放射性物质应用广泛，医学上用于医学诊断、治疗和消毒灭菌等；农业上用于辐照育种，可以改良品质，增加产量，还可用于灭菌保鲜等；工业上可用于石油、煤炭等资源勘探，矿石成分分析，工业探伤以及密度、厚度测量等。

一、放射性物质危险特性

放射性物质是化学品中性质较为特殊的一类，它能自发地、不断地向周围放出射线，该射线能量远比热和光的能量高，即使人体不接触放射性物品，在一定距离内也能受到射线的作用，产生辐射性生物效应，导致人体组织肌体发生变化或被完全破坏，造成细胞的死亡，引起人体的病症。

（一）放射线对人体的伤害方式

放射线对人体的作用分为外照射和内照射两种。

1. 外照射

外照射是指环境中的放射线从人体外对人体的照射，当人体受射线作用后，放射性物质并不存在于体内。β射线、γ射线和中子流这三种射线对物质穿透能力强，若在体外受到大剂量的照射，能穿透皮肤破坏人体组织细胞，使人体生理机能失调而引起病症。

2. 内照射

内照射则是被放射线污染的空气、水、食品及其他物品通过饮食、呼吸、皮肤毛孔、皮肤伤口进入人体内，释放出放射线对人体的照射。放射α或β射线的物质，进入人体后产生的射线会因强烈的电离作用而破坏人体组织细胞，使人体的生理机理失调而引起病症。

无论是外照射还是内照射，当人受到大量射线照射时，即会产生诸如头昏乏力、食欲减退、恶心、呕吐等症状，严重时会导致机体损伤，甚至造成死亡。

辐射性生物效应还表现为引起遗传基因发生变化或突变，导致受害者细胞癌变，影响后代的遗传突变，致使受照者的后代出现畸形、低智或白痴等。

（二）放射性物品对人体的危害特点

放射性物品对人体的危害特点主要表现为：

1. 危害隐蔽性强

放射性物品多以铅、铸铁、钢、塑料等材料包装，外观无特殊特征，且多数人对放射性物品缺乏了解，有时即使接触到也不易识别。人体遭受泄漏的放射性物品照射时没有任何感觉，当剂量大到足以致死时，体温的升高还不到0.001 ℃。因此，放射

性危害初期隐蔽性强，受害者往往难以察觉。

2. 危害时间长

放射性物品不能用化学中和等方式使其停止释放射线，只能采取措施进行控制和排除。受沾染的大气、水体等也是放射源，因而其伤害作用持续的时间长，多则数月甚至数年时间。

3. 危害潜伏期长

人体只受到少量射线照射时，一般不会有不适症状发生，也不会伤害身体。但如果长期受小剂量照射，其造成的危害往往潜伏期长，生物效应出现较晚，人体的性腺、红骨髓、甲状腺、肺、乳腺以及眼晶体等主要器官和组织都可能受到辐射损伤。

4. 危害差异性大

射线对人体各部分的危害程度，由于人体各部分的结构、机能不同以及射线照射或侵入后所受剂量不同而有差别。

二、辐射防护

辐射防护的目的在于防止放射性射线有害的确定性效应的发生，并将随机性效应的发生几率限制到被认为是可以接受的水平。

（一）外照射的防护

辐射源在人体外对人体形成的照射即为外照射。由于形成外照射的辐射源在体外，当人员离开辐射源（或辐射区域）时，就不会受到辐射源照射。当人员与辐射源之间存在阻挡物时，受到的照射就会减弱。外照射剂量的大小与工作环境剂量率和受照时间有关。

1. 时间防护

尽量减少辐射源对人体的照射时间，以减少受照剂量。在工作场所剂量率不变的条件下，受照剂量与受照时间成正比例关系，减少工作时间是减少受照剂量的有效办法。减少受照时间的主要措施有：

① 做好一切可能做到的准备工作，进入事故现场立即展开救援工作，顺利地完成救援任务，避免在放射性控制区内无谓地等待和滞留。这些准备工作主要包括救援方案的准备，救援器材装备的准备和防护用品的准备。

② 加强培训和操练，提高个人操作技巧，熟练操作，缩短工作时间，对于难度较大的救援行动，应事先组织培训，进行模拟训练，达到熟练自如的程度。

③ 实施剂量分担，对于某些集体受照剂量可能较高的抢险救援工作，可以采用多人（组）轮换作战的方式，相应减少救援人员个体的受照剂量。

2. 距离防护

尽量增大人体与辐射源之间的距离，以减小人体受照的剂量。点状源辐射场向各个方向均匀地发出辐射，对于点源来说，某点的剂量率与该点到源的距离的平方成反比。对于一个特定的点源，某点距源的距离是另一点距源距离的 n 倍，则该点的剂量率是另一点剂量率的 $1/n^2$。对非点状源平方反比例关系不再存在，但当距离非点状源为源线度 10 倍以上时，可将这一辐射源近似当成点源对待。从距离防护的观点出发，无论什么形状的辐射源，距离辐射源越远的地方，其剂量率就越低。

3. 屏蔽防护

射线穿过物质，与物质相互作用，射线将被减弱或吸收。屏蔽防护就是在人与辐射源之间设置屏蔽物，以减少人员处的剂量率，从而减少人体受照剂量。一般说来，屏蔽 γ 射线要用密度较大的物质，即原子序数(Z)较大的物质，如铅、铁、混凝土、铅玻璃等；屏蔽中子则要先用原子序数较小的物质，最好是含氢(H)较多的物质，如水、石蜡、塑料、石墨等，然后再用吸收中子能力强的物质，如硼、锂、镉等。

射线屏蔽物可分为固定式和移动式两种。固定式屏蔽物，如墙壁、楼板、防护门、迷宫、充水的容器（管道、水箱等）和铅玻璃观察窗等。移动式屏蔽物，如各种包装容器（铅罐、水泥桶等）、铅砖、铅背心、铅围裙和铅玻璃防护眼镜等。

4. 源头控制

事故现场辐射水平或污染程度严重时，必须采取措施控制放射源，从而减小现场放射性危害。对事故现场的核物质，可用水泥、沙子、黄土、铅皮、塑料等物进行覆盖屏蔽，然后再收集散落的核物质。收集的核物质应放入专用或特制的屏蔽隔离容器内（如铅罐、水泥罐等），并进行密闭。装有核物质的容器，应及时移离抢险救援现场，运送到专用仓库进行妥善储存保管。

（二）内照射的防护

辐射源在人体内对人体形成的照射即为内照射。放射性物质一旦通过呼吸道、消化道或伤口进入人体，其危害往往比在体外更大。内照射的防护方法有：

1. 防止放射性物质从口腔进入人体内

放射性物质是通过食入、吸入和从伤口等途径进入人体的，因此只要有效地阻断这几条途径就能达到防止内照射的目的。

2. 防止放射性物质从伤口进入人体内

救援人员不得带伤进入辐射污染区实施救援，如确因救援任务需要，伤口较小，可用防水的敷料妥善包扎，并与污染环境隔离，方可进入救援现场。如伤口较大，则必须暂时脱离放射性救援工作。

3. 防止放射性物质从呼吸道进入人体内

被放射性物质污染的空气经呼吸道进入人体是造成内污染的主要途径之一。防止吸入放射性物质的方法，对抢险救援人员主要佩戴空气呼吸器、氧气呼吸器、过滤式空气呼吸器和过滤高效防护口罩等。在有空气污染的工作条件下，佩戴个人呼吸保护器。

4. 服用稳定碘

通过服用抗辐射药物来防护因摄入放射性核素产生的内照射，可以用于全体居民的抗辐射药物就只有稳定碘。服用稳定碘可以阻断碘-131及其他放射性碘为甲状腺所吸收。原则上服用稳定碘对甲状腺的阻断作用对于放射性碘的吸入和食入都是有效的，但实际上服用稳定碘主要用于防护放射性碘的吸入。

服用稳定碘是一种低代价、低风险的措施，但因它只用于防护碘的吸入内照射，因此只能看作是其他防护措施的补充而不能代替其他防护措施。

服用稳定碘对公众个人的危害，只表现为可能出现某些副作用，包括引起甲状腺的和非甲状腺的不良反应，但这些反应的发生率是很低的。

实施这一措施的困难和代价将是：要准备足够数量的碘片或碘制剂，并要妥善地保存，定期进行更换；事故发生时，要尽快将稳定碘分发到需要的人员，以便在放射性烟羽到达之前或刚刚到达时服用。做到这一点比较困难，需要有良好的组织措施，还需要编制出简明易懂的稳定碘服用指南，连同稳定碘一起分发给公众。

（三）表面污染的防护

表面污染是指物体或人体表面沾有放射性微尘、粉尘或放射性液体。放射性物质污染人体或物体表面，将给人员带来放射性照射的危害。表面污染的防护措施为：

1. 选用易于去污的材料

对可能造成放射性表面污染的设备间、阀门间和实验室等地方，或者可能发生放射性物质泄漏的地方，其地面、墙面应尽量平整、光滑，并刷涂易于去污的油漆、涂料等。

2. 防止设备、器具污染

在抢险救援过程中可能泄漏放射性物质造成表面污染的设备(如阀门、管道、泵等)应事先在地面、相邻的设备表面铺设塑料布；对可能泄漏放射性液体的设备正下方地面应铺设吸水材料；在地面是栅格板的区域实施救援时，要防止放射性物质污染设备表面和地面；为了防止工(器)具污染，在辐射区内使用的工具、设备应套以塑料套管或包上塑料布，工作结束后，将塑料包装物取下作为废物处理。

3. 建立污染控制区

可能发生污染和已经污染的区域应建立污染控制区，污染控制区应划定明确的边界和设置明显的标志；凡进入污染区的人员都应按要求穿戴防污染的防护用品，凡是出污染区的人员都应按规定脱除防污染的防护用品，或采取必要的现场洗消措施。

4. 采取去污措施

对可能污染的地面设备、器材装备、墙面等应做现场监测，经过测量，确认已超过表面污染限值的污染对象应采取去污措施。

5. 注意个人在控制区内的行为

救援人员在污染区内应严格遵守有关的辐射安全规定，避免污染和污染扩散。

救援工作结束后进行表面污染监测，必要时实施洗消处理。根据抢险救援的工作条件正确穿戴和使用个人防护用品，凡是进入控制区的人员都应穿戴基本防护用品。

【案例】

切尔诺贝利核电站事故

1986年4月26日，苏联切尔诺贝利核电站发生了核电发展史上最严重的核泄漏事故，引起了全世界的震惊。

切尔诺贝利核电站坐落在基辅东北130公里的普里皮亚特河畔。这座核电站是苏联1973年开始修建的，第一个反应堆于1977年启动。70年代末和80年代初，又建了3个反应堆。每一个反应堆连同冷却系统、涡轮机和存放机器的厂房都置于一个建筑物之中，简称为一个动力站。核电站计划工作30年。事故前有1、2、3、4号动力站在运行，5、6号正在建造之中。运行的1、2、3、4号动力站都是发电功率为100万千瓦的压力管式石墨沸水堆。这种反应堆以2%浓缩度的二氧化铀作燃料，石墨作中子慢化剂，沸腾水作冷却剂。这种反应堆在苏联已有近百年的运行经验，有着比较好的安全记录。苏联人对这种堆型的安全过于自信，当时全苏16座这种堆型的核电站都没有在反应堆系统外部设置最近一道安全屏障——钢筋混凝土结构的安全壳。

按照中修计划，1986年4月25日开始对4号动力站进行定期维修。在连续严重操作失误的情况下，4号动力站反应堆处于失去控制的极不稳定状态。4月26日凌晨1点23分，切尔诺贝利核电站的两声爆炸声打破了深夜的沉静，浓烟笼罩了核电站，烈火从4号动力站反应堆厂房顶部喷出。反应堆上部防护结构及其安装的各种设备整个地被掀起，高温的堆芯片散落在反应堆的一些工作间，引起30余处起火；由于油管破裂、电线短路，再加上反应堆强烈的热辐射，使被毁的反应堆大厅和与反应堆大厅相连的部分燃起大火。

事故发生6分钟后，核电站值班消防队赶到了现场。火焰高达30多米，强烈的热辐射使人难以靠近，消防队员脚穿的靴子陷入被高温熔化的沥青中。空军出动了直升机向炽热的反应堆投下了5 000多吨含铅、硼的沙袋，封住了反应堆，以隔绝空气、阻止放射性物质外泄。在空军和地面人员的努力下，清晨5点，大火全部平息了。由于反应堆管道发生爆炸，大量放射性物质泄漏，整个过程持续了10天。

在切尔诺贝利核电站事故发生3天后，76个小镇和村庄的居民匆匆撤走。在撤走前的3天里，放射性尘埃落到了他们身上，他们呼吸了碘、锶以及在核反应堆遭破坏时所出现的其他放射性物质。

由于事故造成堆芯熔毁、石墨砌体燃烧，使大量放射性物质外泄，造成了严重的震惊世界的环境污染。经过比较详细的估算，这次事故对30公里范围内撤离的13.25万人，造成的外照射集体剂量当量为1.6×10^{6}人·雷姆；对苏联欧洲部分7 450万人今后50年内造成的外照射剂量为2.0×10^{7}人·雷姆。

据统计，切尔诺贝利核电站事故发生10年后，乌克兰已有16.7万人被核辐射夺去生命，320万人受到核辐射侵害，其中有95万儿童。目前的主要威胁来自钢筋混凝土保护层下的近200吨核燃烧，这一保护层的有效期限仅有20～30年，周围还有成千上万吨受到核污染的废墟，潜在的危险因素始终存在。

切尔诺贝利核事故产生的放射性烟云，先后随风飘向北欧、东欧、西欧地区。直到4月30日，苏联才正式发布关于切尔诺贝利核电站事故的公告，推迟了近60个小时，各国对此十分不满。

为了消除事故的后果，乌克兰政府承担了沉重的财政压力，每年此项费用支出占国家预算的12%，仅1992—1996年的财政支出就达30亿美元。在西方国家的一再敦促下，乌克兰于1995年4月做出承诺，将在2000年以前最终关闭切尔诺贝利核电站。1995年12月，乌克兰与西方七国确定了欧盟和西方七国在关闭核电站问题上同乌克兰进行政治、财政和技术合作的基本原则。然而，西方国家许诺的援助迟迟不能到位。库奇马总统指出，解决切尔诺贝利核事故这样一个国际性问题，乌克兰需要西方七国确定援助的条件、时间和期限，否则，乌克兰无力单独关闭电站。

据乌克兰专家估算，关闭核电站和解决其他相关的问题，大约需要40～60亿美元的投资，乌克兰无力承担。由于乌克兰能源匮乏，切尔诺贝利核电站目前仍有2个动力站在运转，为缓解乌克兰的能源危机发挥着重要作用。现在，在切尔诺贝利核电站工作的有5 000人，其中的500人在事故发生时就在核电站工作。

随着世界有机燃料储量的消耗，核能将成为21世纪人类赖以生存的重要能源。然而，如何确保核能源安全利用，则是摆在世界各国面前的一个不可稍有疏忽的紧要问题。

第八节　腐蚀性物质

腐蚀是物体表面因接触腐蚀性物品而遭到破坏的现象。腐蚀性物质对人和动物体的组织会造成灼伤，并对金属、纤维和木制品等物件有严重危害。

一、腐蚀性物质危险特性

腐蚀性物质实际上是一类化学性质比较活泼、能与很多金属、有机物及动植物机体等发生化学反应的物质。这种化学反应的速度大小对腐蚀性的强弱及其危害性的大小有着重要的影响。

1. 腐蚀性

腐蚀性物质与其他物质接触时，会使其他物质发生化学变化或电化学变化而受到不同程度的破坏。这是腐蚀性物质的主要危险特性，其腐蚀作用体现为：

（1）对人体的伤害

腐蚀性物质的形态有气体、液体和固体。当人体直接触及这些物品后，会引起灼伤或发生破坏性创伤以至溃疡等；当吸入气体腐蚀性物质或挥发出来的蒸气以及粉尘时，呼吸道黏膜便会受到腐蚀，引起咳嗽、呕吐、头痛等症状。如果皮肤接触氢氟酸时，则会发生剧痛，使组织坏死，不及时治疗则导致严重后果。人体被腐蚀性物质灼伤后，伤口往往不容易愈合。内部器官被严重腐蚀时会导致功能丧失和引起炎症（如肺炎等），甚至造成死亡。故在储存、运输过程中，应特别注意防护。

(2) 对有机物质的破坏

腐蚀性物质能夺取木材、衣物、皮革、纸张及其他一些有机物质中的水分,破坏其组织成分,甚至使之炭化。如浓硫酸接触到杂草、木屑等有机物,浅色透明的酸液会逐渐变黑。浓度高的氢氧化钠溶液接触棉织物,特别是接触纤维物品,则会导致纤维组织受破坏而溶解。这些腐蚀性物质在储运过程中,若渗透或挥发出气体(蒸气)还能腐蚀库房的屋架、门窗、苫垫用品和运输工具等。

(3) 对金属的腐蚀

在腐蚀性物质中,不论是酸性还是碱性的,对金属均能产生不同程度的腐蚀作用。如盐酸等酸性腐蚀性物质与金属的腐蚀反应:

$$2HCl + Fe = FeCl_2 + H_2\uparrow$$

$$3H_2SO_4 + 2Al = Al_2(SO_4)_3 + 3H_2\uparrow$$

浓硫酸与铁虽然在常温下发生钝化,但储存日久,吸收空气中的水分,其浓度变稀后,也能继续与铁发生作用,使铁受到腐蚀。同样,冰醋酸使用铝桶包装时,储存日久也能引起腐蚀,产生白色的乙酸铝沉淀。有些腐蚀性物质,特别是无机酸类,挥发出来的蒸气对库房建筑物的钢筋、门窗、照明用品、排风设备等金属物料和库房结构的砖瓦、石灰等均能造成腐蚀危害。

2. 毒害性

许多腐蚀性物质具有不同程度的毒性,甚至有的还有剧毒,如溴素、氢氟酸等。尤其是氢氟酸的蒸气,即使短时间接触也是有害的。又如,具有挥发性的腐蚀性物质如发烟硝酸、发烟硫酸等,遇湿会水解的硫化物等,都易挥发出有毒的气体与蒸气,如二氧化氮、三氧化硫、硫化氢等,不但会腐蚀人的肌体,还有引起中毒的危险。

3. 燃烧爆炸性

腐蚀性物质中,有些本身属易燃物品,有些则属于助燃物品。其火灾危险性主要表现为以下方面:

(1) 易燃性

有机腐蚀性物质大都可燃,且有的非常易燃。如有机腐蚀性物质中的苯酚、苯甲酰氯、溴乙酰(闪点 1 ℃)、硫代乙酸(闪点<1 ℃)、1,2-乙二胺、蒽等,当接触火源时会引起燃烧,其蒸气与空气可形成爆炸性混合物。无水肼在空气中可发烟,遇石棉、木材等疏松性物质可能自燃。受热可分解出有毒的氧化氮气体,遇明火或高热情况下极易产生燃烧爆炸。

(2) 氧化性

无机腐蚀性物质本身大都不燃,但都具有较强氧化性,有的还是氧化性很强的氧化剂,与可燃物接触或遇高温时,都有着火或爆炸的危险。如发烟硫酸、三氧化硫、硝酸、溴素、高氯酸等无机酸性腐蚀性物质,氧化性都很强,与可燃物如甘油、乙醇、木屑、纸张、稻草、纱布等接触,都能氧化自燃而起火。

(3) 遇水分解易燃性

有些腐蚀性物质，特别是五氯化磷、五氯化锑、五溴化磷、四氯化硅、三溴化硼等多卤化合物，遇水分解、放热，产生具有腐蚀性的气体。这些气体遇空气中的水蒸气可形成酸雾。氯磺酸遇水猛烈分解，可发生大量的热和浓烟，甚至爆炸。无水溴化铝、氧化钙等腐蚀性物质遇水能产生高热，接触可燃物时会引起着火。异戊醇钠、氯化硫本身可燃，遇水分解可引起燃烧，受热、撞击有爆炸危险。

二、常见腐蚀性物质

1. 硫酸

硫酸是基础化学工业的重要产品，是许多化学工业的原料，大量用于制造化肥、农药、医药、染料、炸药、化学纤维，还广泛应用于石油炼制、冶金、机械制造等，硫酸工业在国民经济中占有重要的地位。

硫酸化学式为 H_2SO_4，属无机强酸。浓硫酸是无色透明油状液体，沸点 338 ℃，不挥发。硫酸能与水以任意比混溶，在此过程中放出大量的热，因而浓硫酸要缓慢注入水中，且要不断搅拌。绝对不能将水倾入浓硫酸中，否则极易造成酸液飞溅，发生危险。

硫酸化学性质活泼，具有酸的通性。能与碱发生中和反应，也能与金属及其氧化物反应生成相应的盐和水。

$$2NaOH+H_2SO_4 = Na_2SO_4+2H_2O$$

$$Fe+H_2SO_4 = FeSO_4+H_2\uparrow$$

$$CuO+H_2SO_4 = CuSO_4+H_2O$$

此外，浓硫酸具有三大特性：

(1) 吸水性。常用于干燥气体。

(2) 脱水性。浓硫酸能按水的组成比例脱去有机化合物中的氢和氧。如浓硫酸能使蔗糖、木材等炭化。

(3) 氧化性。在常温下，浓硫酸和某些金属如铁、铝接触，使金属表面氧化生成一层致密的氧化膜，保护了内部金属不被进一步氧化。这种现象叫作金属的钝化。因此可用铁、铝的容器在密封条件下盛装浓硫酸。

在受热情况下，浓硫酸却能和绝大多数金属起反应，但均不能放出氢气。如：

$$Cu+2H_2SO_4(浓) \overset{\triangle}{=} CuSO_4+SO_2\uparrow+2H_2O$$

浓硫酸还能和非金属发生氧化还原反应，如：

$$C+2H_2SO_4(浓) \overset{\triangle}{=} CO_2\uparrow+2SO_2\uparrow+2H_2O$$

硫酸是一种腐蚀性极强的危险化学品，发生泄漏或在事故处置时如果喷溅到皮肤上，强烈吸水、脱水，同时放出大量的热，会造成严重灼伤。硫酸进入人体后，会导致组织脱水，蛋白质凝固，可造成局部坏死，严重时则会导致死亡。

硫酸蒸气具有强刺激性，人吸入酸雾后可引起明显的上呼吸道刺激症状及支气管炎，重者可迅速发生化学性肺炎或肺水肿。2001 年 5 月 26 日，广东省某市麻章区发生一起浓硫酸泄漏事件，导致 90 人因吸入硫酸雾不同程度中毒灼伤。

作为一种强酸和强氧化剂，硫酸能与绝大多数金属、非金属发生化学反应。硫酸一旦发生泄漏，大量硫酸流经之处，接触到的机器、设备、设施等将被严重腐蚀和氧化，河流、湖泊、水库等水域以及土壤会造成严重污染。

2. 三氯化磷

三氯化磷主要用于制造敌百虫、甲胺磷和乙酸甲胺磷以及稻瘟净等有机磷农药；医药工业用于生产磺胺嘧啶、磺胺五甲氧嘧啶；染料工业用于色酚类的缩合剂。

三氯化磷化学式为 PCl_3，为无色或微黄色透明液体，相对密度 1.574，熔点−112 ℃，沸点 75.5 ℃，能溶于乙醚、苯、二硫化碳和四氯化碳等溶剂。

三氯化磷在潮湿空气中发烟，易形成酸雾，有强烈的刺激性和腐蚀性。遇水发生剧烈反应，产生氯化氢气体，释放出大量的热。

$$PCl_3 + 3H_2O = 3HCl + H_3PO_3$$

三氯化磷有毒，车间最高容许浓度为 0.5 mg/m^3。吸入三氯化磷气体会引起中毒症状，轻者表现为呼吸道刺激症状，重者出现喉头水肿、喉痉挛等呼吸道阻塞、中毒性肺炎、肺水肿。急性高浓度吸入会出现咳粉红色泡沫痰、咯血、血压下降等症状，甚至休克和死亡。人体皮肤、黏膜等接触三氯化磷后会发生强烈的刺激和腐蚀作用，极易造成眼睛、皮肤灼伤，皮肤发白，反复起水泡。

三氯化磷具有较强的氧化性，三氯化磷与木屑、纸张、稻草、纱布以及乙醇等有机物接触会发生剧烈反应，放出大量的热，引起燃烧。与水作用的产物呈强酸性，对金属构件、大理石等建材会造成严重腐蚀。

3. 氢氧化钠

氢氧化钠是一种重要的基础化工原料，从形态上可分为液体烧碱（简称液碱）和固体烧碱（简称固碱）两种。我国是氢氧化钠的主要生产国，全国共有 190 多个氢氧化钠生产企业，年产近 1 500 万吨，出口 30 多万吨。氢氧化钠广泛应用于轻工、化工、纺织、印染、医药、冶金等行业，而轻工、化工、纺织三大行业每年消费的氢氧化钠量约占总量的 76%。

氢氧化钠化学式为 NaOH，俗名烧碱、火碱、苛性钠，为白色的块状或片状固体，极易溶于水，溶解时放出大量的热。氢氧化钠大多是以 30%和 45%的水溶液在市场出售和运输。氢氧化钠很容易潮解，对皮肤和织物有很强的腐蚀作用。使用时要特别小心，万一沾到皮肤上应立即用大量清水冲洗，再用 2%的硼酸水洗涤。

固体氢氧化钠在空气中除极易吸收空气中的水汽外，还会吸收二氧化碳生成碳酸钠而变质：

$$2NaOH + CO_2 = Na_2CO_3 + H_2O$$

在贮存和运输固体氢氧化钠时，必须防止其与空气接触。

氢氧化钠是强碱性物质，具有碱的通性。与酸类反应剧烈，能腐蚀铝、锌等金属和某些非金属，也能与二氧化碳、二氧化硫等酸性氧化物发生反应：

$$NaOH + HCl = NaCl + H_2O$$

$$2NaOH + SO_2 = Na_2SO_3 + H_2O$$

氢氧化钠还能与玻璃的主要成分二氧化硅反应，生成易溶于水的硅酸钠，而使玻璃腐蚀：

$$2NaOH + SiO_2 = Na_2SiO_3 + H_2O$$

因而，氢氧化钠及其溶液不能长期存放于玻璃或陶瓷容器中，而应存放于密封的耐腐蚀塑料容器中。

氢氧化钠具有强腐蚀性，尤其浓溶液能破坏有机组织，伤害皮肤和毛织物。如果喷溅到人体上，则会造成严重伤害。皮肤接触其液体，可引起灼伤直至严重溃疡的症状。氢氧化钠颗粒或溶液溅入眼睛，可引起烧伤甚至损害角膜或结膜，对眼睛造成难以恢复的损伤。过多地吸入其蒸气，则强烈刺激人体呼吸道，腐蚀鼻中隔。如果不慎进入消化道，则会导致黏膜糜烂、出血，造成严重损伤，甚至休克。大量的氢氧化钠泄漏可对环境造成严重污染。

4. 汞

汞的用途很广，化学工业用汞作阴极以电解食盐溶液制取烧碱和氯气。汞是制造汞弧形整流器、水银真空泵、新型光源以及测温、测压仪表的材料。汞与酒精、浓硝酸溶液混合加热制成起爆剂“雷汞”。汞的一些化合物在医药上有消毒、利尿和镇痛作用等。

汞的化学式为 Hg，又称水银，银白色液态金属，熔点－38.9 ℃，沸点 356.9 ℃，液体密度(0 ℃)13.5。易挥发，其蒸气易被墙壁或衣物吸附。与金、银、锌、锡等金属形成合金(汞齐)，能溶解许多金属。

汞自身不燃烧爆炸，但与乙炔或氨起反应生成易爆性化合物。汞与一些物质混合接触时的危险性见表 2-8-1。

表 2-8-1　汞与部分物质混合接触时的危险性

混合接触危险品名称	化学式	接触反应
过甲酸	HCOOOH	有激烈爆炸的危险性
环氧乙烷	C_2H_4O	可能生成爆炸性物质
1-溴-2-丙炔	C_3H_3Br	有爆炸的危险性
三氟化氯	ClF_3	有着火的危险性
钾	K	有激烈反应的危险性
钠	Na	有产生高热的危险性
锂	Li	有爆炸的危险性
溴	Br_2	有激烈反应的危险性
氨	NH_3	可能生成爆炸性物质
二氧化氯	ClO_2	有激烈爆炸的危险性
甲基叠氮	CH_3N_3	有强烈爆炸的危险性

汞是一种毒性极强的剧毒危险化学品，主要以蒸气形态经呼吸道进入人体，也可经消化道、皮肤黏膜侵入。汞进入血液后，无机汞50%与血浆蛋白结合，有机汞90%与红细胞结合，再分布到脑、肾、肝、肺及心脏等，吸收的汞化合物约有80%蓄积于肾中，严重者可很快出现急性肾功能衰竭，致人体严重中毒。

汞发生泄漏，其蒸气迅速在空气扩散，特别是向下风方向扩散，导致蒸气扩散区域内的人员因吸入汞蒸气而中毒，甚至死亡。空气中汞浓度为 1.2～8.5 mg/m^3 时，即可引起急性中毒，超过 0.1 mg/m^3 时，则可引起慢性中毒。空气中汞浓度对人体的危害见表 2-8-2。

表 2-8-2　空气中汞浓度对人体的危害

空气中汞浓度(mg/m^3)	症　状	出现症状所需时间
>10	肺炎、腹泻、肾损害	立刻(1～2 日内)
>1	腹泻、蛋白尿、血尿、震颤、口腔炎	开始接触至 1 个月
>0.5	口腔炎、震颤、蛋白尿、兴奋	2～5 个月
>0.2	震颤、蛋白尿、自觉的精神神经症状	6 个月至 1 年
>0.1	自觉的精神神经症状、早衰	数年

汞易流动，常温下易挥发。汞发生泄漏后，其蒸气对空气造成严重污染，直接危害人身安全，液态汞则会四处流散，且不易清理。特别是当汞泄漏到河流、水库、湖泊等，则对水体造成严重污染。

第三章 危险化学品包装

DI SAN ZHANG

危险化学品大都具有燃烧、爆炸、腐蚀、毒害等危险特性，在储存运输过程中，由于外界因素作用导致其包装容器受损，从而发生危险化学品泄漏甚至爆炸事故，造成人身伤亡，财产损失，严重污染周边环境。2015 年天津港危险化学品爆炸事故即是因为硝化棉包装损坏导致湿润剂散失引起的。因此，在危险化学品储存运输过程中，必须高度重视危险化学品包装的安全管理。

第一节 危险化学品包装分类

危险化学品种类繁多，性能、外形、结构等各有差别，在流通中的实际需要不尽相同，对包装的要求也不同，因而包装的分类方法也有区别。

一、按盛装内装物的危险程度分类

《危险货物运输包装通用技术条件》(GB 12463—2009)根据危险品的特性和包装强度，把危险化学品包装分成三类：

1. Ⅰ类包装：适用内装危险性较大的货物；
2. Ⅱ类包装：适用内装危险性中等的货物；
3. Ⅲ类包装：适用内装危险性较小的货物。

二、按包装容器分类

1. 桶

指直立圆形的容器。如钢桶(罐)、铝桶、胶合板桶、木琵琶桶、硬质纤维板桶、塑料桶(罐)等。

2. 箱

指由金属、木材等适当材料制作的完整矩形容器，在不损害容器运输时的完整性的前提下，允许有小的洞口。如木箱、胶合板箱、再生木箱、硬纸板箱、瓦楞纸箱、钙塑板箱、金属箱等。

3. 袋

指由纸张、纺织品等适当材料制作的柔性容器，如塑料编织袋、纸袋等。

4. 坛、瓶

瓶是指腹大、颈长而口小的容器，如各种玻璃瓶、塑料瓶等；坛是指用陶土制成的容器，如酒坛、醋坛等。

三、按包装材质分类

按材质，危险化学品包装可分为：

1. 金属包装：例如钢（铁）桶、铝桶、钢罐、钢箱。
2. 木质包装：如胶合板桶、木琵琶桶、天然木箱。
3. 纸质包装：如纸袋、硬纸板桶、硬纸板箱（瓦楞纸箱、钙塑纸箱）。
4. 塑料包装：如塑料袋、塑料桶、塑料罐。
5. 陶瓷包装：如瓶子、坛子。

四、按流通中的作用分类

1. 内包装

指和物品一起配装才能保证物品出厂的小型包装容器。如火柴盒、打火机用丁烷气筒等，是随同物品一起售给消费者的。

2. 中包装

指在物品的内包装之外，再加一层或两层包装物的包装。如二十盒火柴集成的方形纸盒等，很多也随同物品一起售给消费者的。

3. 外包装

指比内包装、中包装的体积大很多的包装容器。由于在流通过程中主要用来保护物品的安全，方便装卸、运输、储存和称量，所以外包装又称为运输包装或储运包装。如爆炸品专用箱等。

五、按用途分类

1. 专用包装

指只能用于某一种物品的包装。如易挥发和易燃的汽油用密封的铁桶包装。

2. 通用包装

指适宜盛装多种物品的包装，如水箱、麻袋、玻璃瓶等。

六、按制作方式分类

1. 单一包装

指没有内外包装之分，只用一种材质制作的独立包袋。这种包装主要是专业包装，如汽油桶等。

2. 组合包装

指由一个以上内包装合装在一个外包装内组成的一个整体的包装。如乙醇玻璃瓶用木箱为外包装组合的包装。

3. 复合包装

指由一个外包装和一个内容器(或复合层)组成一个整体的包装。这种包装经过组装，即保持为独立的完整包装。如内包装为塑料容器、外包装为钢桶而组成一个整体的包装即属复合包装。

第二节　危险化学品包装标识

为了加强对危险化学品包装的管理，便于在装卸、搬运以及监督检查中，识别危险品的包装方法、包装材料及内、外包装的组合方式，国家对危险品包装规定了统一的标记代号和标志。

一、危险化学品包装标记代号

1. 包装类别的标记代号

包装的类别用小写英文字母表示：其中 x 表示符合Ⅰ、Ⅱ、Ⅲ类包装要求；y 表示符合Ⅱ、Ⅲ类包装要求；z 表示符合Ⅲ类包装要求。

2. 包装容器的标记代号

危险化学品包装容器的类型用阿拉伯数字表示(表 3-2-1)，包装容器的材质用大写英文字表示(表 3-2-2)。

表 3-2-1　包装容器类型的数字表示

表示数字	包装容器	表示数字	包装容器
1	桶	6	复合包装
2	木琵琶桶	7	压力容器
3	罐	8	筐、篓
4	箱、盒	9	瓶、坛
5	袋、软管		

表 3-2-2　包装容器材质的字母表示

表示字母	包装容器材质	表示数字	包装容器材质
A	钢	H	塑料材料
B	铝	L	编织材料
C	天然木	M	多层纸
D	胶合板	N	金属(钢、铝除外)
F	再生木板(锯末板)	P	玻璃、陶瓷
G	硬质纤维板、硬纸板、瓦楞纸板、钙塑板	K	柳条、荆条、藤条及竹篾

3. 包装件组合类型标记代号的表示方法

单一包装型号由一个阿拉伯数字和一个英文字母组成,英文字母表示包装容器的材质,其左边平行的阿拉伯数字代表包装容器的类型。英文字母右下方的阿拉伯数字,代表同一类型包装容器不同开口的型号。例:1A—表示钢桶;$1A_1$—表示闭口钢桶;$1A_2$—表示中开口钢桶;$1A_3$—表示全开口钢桶。

复合包装型号由一个表示复合包装的阿拉伯数字“6”和一组表示包装材质和包装型式的字符组成。这组字符为两个大写英文字母和一个阿拉伯数字。第一个英文字母表示内包装的材质,第二个英文字母表示外包装的材质,右边的阿拉伯数字表示包装型式。例:$6HA_1$ 表示内包装为塑料容器,外包装为钢桶的复合包装。

4. 其他标记代号

用下列英文字母表示:

S——表示拟装固体的包装标记;

L——表示拟装液体的包装标记;

R——表示修复后的包装标记;

GB——表示符合国家标准要求;

UN——表示符合联合国规定的要求;

例:钢桶标记代号及修复后标记代号

例 1　新桶

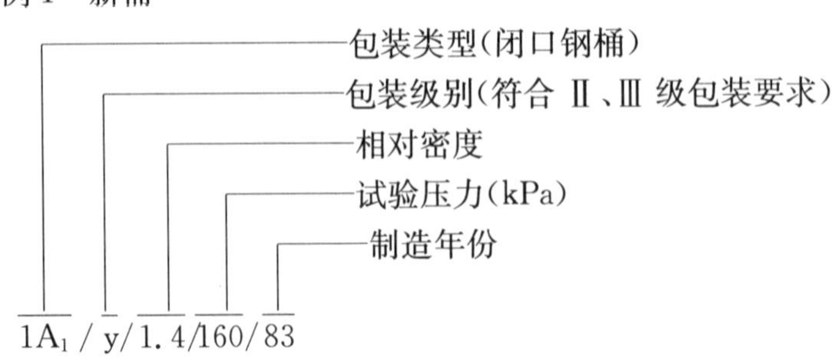

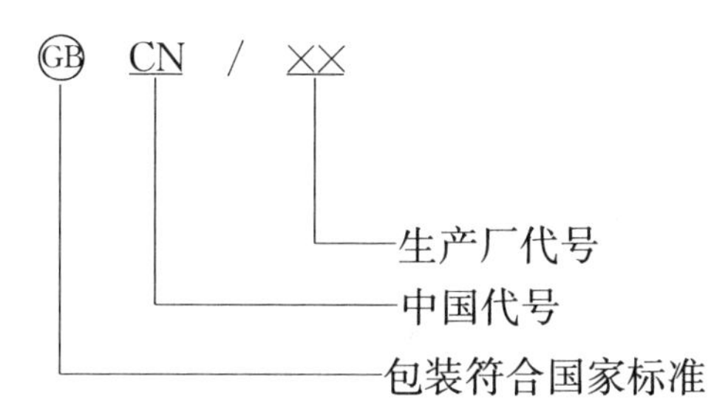

例 2　修复后的桶

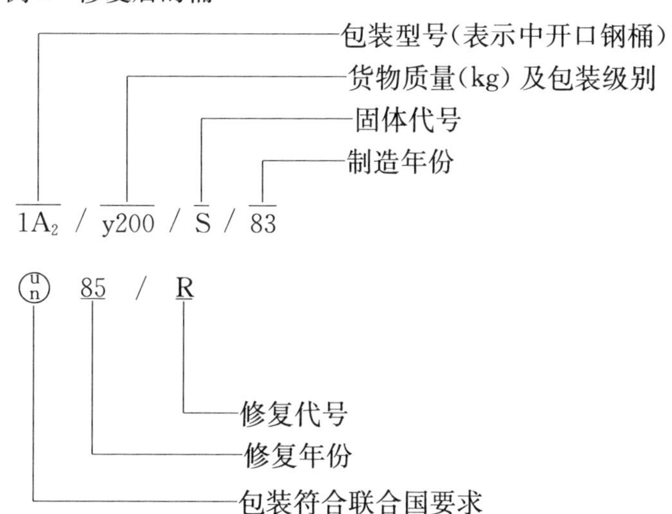

二、危险化学品包装标志

危险化学品包装标志是标示在以铁路、水路、公路等方式储运危险化学品货物的外包装上,使接触者对该类危险化学品的危险性、危险程度一目了然。根据《危险货物包装标志》(GB190—2009),我国危险货物包装标志分为标记和标签两种,其中标记 4 个(表 3-2-3),标签 26 个(表 3-2-4),分别标示了 9 类危险化学品的主要危险特性。

表 3-2-3　危险化学品包装标记

序号	标记名称	标记图形
1	危害环境物质和物品标记	(符号:黑色　底色:白色)

（续表）

序号	标记名称	标记图形
2	方向标记	（符号:黑色或正红色　底色:白色） （符号:黑色或正红色　底色:白色）
3	高温运输标记	（符号:正红色　底色:白色）

表 3-2-4　危险化学品包装标签

序号	标签名称	标签图形	对应的危险货物类别号
1	爆炸性物质或物品	（符号:黑色　底色:橙红色） 1.4 （符号:黑色　底色:橙红色）	1.1 1.2 1.3 1.4

（续表）

序号	标签名称	标签图形	对应的危险货物类别号
		（符号:黑色　底色:橙红色）	1.5
		（符号:黑色　底色:橙红色） ＊项号的位置——如果爆炸性 是次要危险性,留空白。 ＊＊配装组字母的位置——如果爆炸性 是次要危险性,留空白。	1.6
2	易燃气体	（符号:黑色　底色:正红色） （符号:白色　底色:正红色）	2.1
	非易燃无毒气体	（符号:黑色　底色:绿色） （符号:白色　底色:绿色）	2.2

（续表）

序号	标签名称	标签图形	对应的危险货物类别号
	毒性气体	 （符号：黑色　底色：白色）	2.3
3	易燃液体	 （符号：黑色　底色：正红色）  （符号：白色　底色：正红色）	3
4	易燃固体	 （符号：黑色　底色：白色红条）	4.1
	易于自燃的物质	 （符号：黑色　底色：上白下红）	4.2
	遇水放出 易燃气体的物质	 （符号：黑色　底色：蓝色）  （符号：白色　底色：蓝色）	4.3

（续表）

序号	标签名称	标签图形	对应的危险货物类别号
5	氧化性物质	（符号：黑色 底色：柠檬黄色）	5.1
	有机过氧化物	（符号：黑色 底色：红色和柠檬黄色） （符号：白色 底色：红色和柠檬黄色）	5.2
6	毒性物质	（符号：黑色 底色：白色）	6.1
	感染性物质	（符号：黑色 底色：白色）	6.2
7	一级放射性物质	（符号：黑色 底色：白色，附一条红竖条） 黑色文字，在标签下半部分写上： “放射性” “内装物——” 在“放射性”字样之后应有一条红竖条	7A

（续表）

序号	标签名称	标签图形	对应的危险货物类别号
	二级放射性物质	（符号：黑色　底色：上黄下白， 附两条红竖条） 黑色文字，在标签下半部分写上： “放射性” “内装物——” “放射性强度——” 在一个黑边框格内写上：“运输指数” 在“放射性”字样之后应有两条红竖条	7B
	三级放射性物质	（符号：黑色　底色：上黄下白， 附三条红竖条） 黑色文字，在标签下半部分写上： “放射性” “内装物——” “放射性强度——” 在一个黑边框格内写上：“运输指数” 在“放射性”字样之后应有三条红竖条	7C
	裂变性物质	（符号：黑色　底色：白色） 黑色文字 在标签上半部分写上：“易裂变” 在标签下半部分的一个 黑边框格内写上： “临界安全指数”	7E
8	腐蚀性物质	（符号：黑色　底色：上白下黑）	8

（续表）

序号	标签名称	标签图形	对应的危险货物类别号
9	杂项危险物质和物品	9 （符号：黑色　底色：白色）	9

三、标志的尺寸和使用位置

1. 标志的尺寸

标志的尺寸一般分为4种，见表3-2-5。

表3-2-5　标志尺寸(单位:毫米)

尺寸号别	长	宽
1	50	50
2	100	100
3	150	150
4	250	250

注：如遇特大或特小的运输包装件，标志的尺寸可按规定适当扩大或缩小。

2. 标志的使用位置

标志的标打位置和方法视粘贴、拴挂或钉附等方式的不同而有区别。当采取粘贴或拴挂时，箱状包装应位于包装两端或两侧的明显处；袋、捆包装应位于包装明显的一面；桶形包装应位于桶身或桶盖；集装箱应粘贴四面。当采取钉附时，将标有标志的金属板或木板，钉在包装的两端或两侧明显处即可。

危险化学品包装标志的粘贴应保证在货物储存或运输过程中不脱落。对于出口物资，标志应当按我国执行的有关国际公约(规则)办理。

危险化学品包装的标志应当根据各类危险品的性质及其分类、分项方法，按照国家标准的要求，由生产单位在出厂前标打。对于生产厂，凡是危险化学品必须标打相应的危险化学品标志，没有标志的危险化学品不准出厂、储存或运输。出厂后如改换包装，其标志发货单位应当严格标打。

危险化学品包装的标志应正确、明显和牢固。当一种危险化学品同时具备易燃有毒、易燃腐蚀、易燃放射等性质，或不同品名的危险品装入一件包装内时，根据不同性质，除了粘贴该类标志作为主标志以外，还应粘贴表明物质存在其他危险性的标志作为副标志，以便人们识别其主、副危险性和分别进行防护。但副标志图形的下角不应标有危险化学品的类、项号，以示主标志和副标志的区别。

第三节 危险化学品气瓶

气瓶是盛装气体并可以运输到异地的一种特殊的压力容器，在搬运、滚动过程中能承受一定的震动冲击等外界作用力。根据《气瓶安全技术监察规程》(TSG R0006—2014)，气瓶指在正常环境(−40～60 ℃)下使用的，公称容积为 0.4～3 000 L，公称工作压力为 0.2～35 MPa 且压力与容积的乘积≥1.0 MPa·L，盛装压缩气体、高(低)压液化气体、低温液化气体、溶解气体、吸附气体、标准沸点≤60 ℃的液体以及混合气体的可重复充气、可搬运的压力容器，包括无缝气瓶、焊接气瓶、缠绕气瓶、焊接绝热气瓶。

一、气瓶的构造

气瓶是专门盛装压缩气体或液化气体的压力容器，因为压缩气体或液化气体是在一定压力下装入钢瓶的，且气体有受热膨胀性，所以要求气瓶有较高的强度。制造气瓶的材料，必须选用采用平炉、电炉或氧化转炉冶炼的镇静钢。一般盛装永久性气体(压缩气体)和高压液化气体(氢气、氧气等)的钢瓶选用钢制无缝气瓶，低压液化气体(氯气、氨气等)选用钢制焊接气瓶，总之盛装气体性质不同，所选用的气瓶制造方法有所差异。

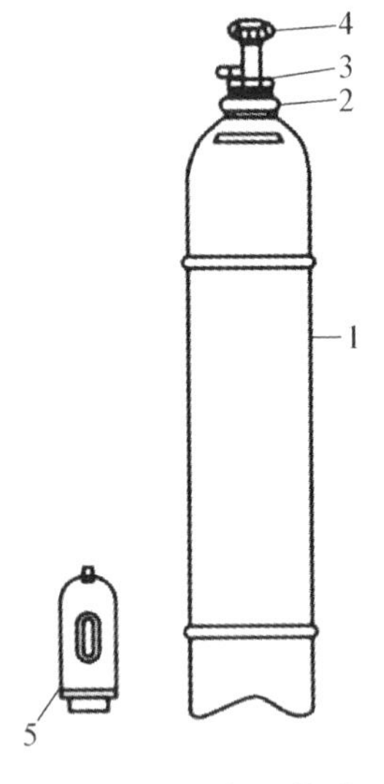

图 3-3-1 氧气瓶构造

1—瓶身；2—颈部；3—阀门；4—安全阀；5—安全帽

瓶阀用于控制气体出入，一般由黄铜或钢制造。瓶阀出气口螺纹为左旋的是可燃气体气瓶，出气口螺纹为右旋的是助燃气体或不燃气体气瓶。此种结构可有效防止可燃气体和不燃气体的错装。

以氧气瓶为例(如图 3-3-1 所示)，氧气瓶的阀门采用黄铜制造，并另加安全塞，内装磷铜片(即爆破片)，在超过气瓶允许工作压力 10%以上，即破裂泄气；气瓶的气阀密封填料采用不燃烧和无油脂的材料，安全帽上有泄气孔。

二、气瓶的颜色

根据《气瓶颜色标志》(GB/T7144—2016)规定，根据所装气体的性质、在瓶内的状态和压力，气瓶外表面应涂有一定的颜色、字样、字色、色环、色带和检验色标等，用以识别气瓶所充装气体和定期检验年限。

常见的气瓶颜色如图 3-3-2 所示，可根据气瓶颜色检判气体类型。

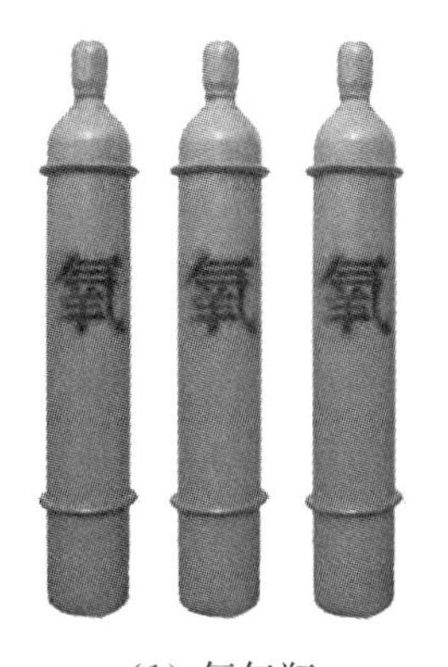

（1）氧气瓶

氧气瓶颜色为天蓝色；字样“氧”；字颜色为黑色

（2）氢气瓶

氢气瓶颜色为淡绿色；字样“氢”；字颜色为大红

（3）氨气瓶

氨气瓶颜色为淡黄色；字样“液氨”；字颜色为黑色

（4）空气瓶

空气瓶颜色为黑色；字样“压缩空气”；字颜色为白色

（5）氮气瓶

氮气瓶颜色为黑色；字样“氮”；字颜色为淡黄

（6）氯气瓶

氯气瓶颜色为深绿色；字样“液氯”；字颜色为白色

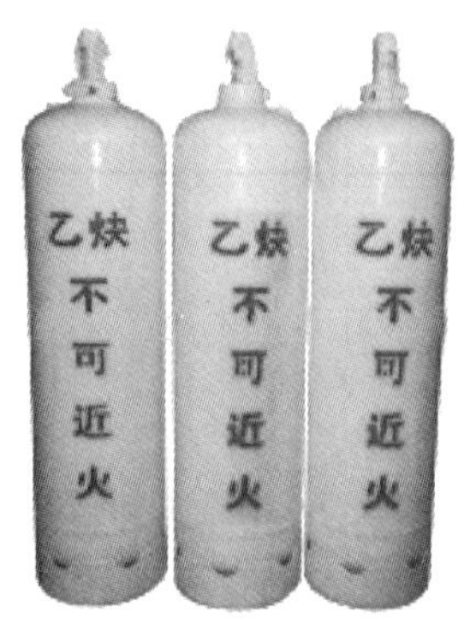

（7）溶解乙炔气瓶

溶解乙炔气瓶颜色为白色；字样“乙炔不可近火”；字颜色为大红

（8）二氧化碳气瓶

二氧化碳气瓶颜色为铝白色；字样“液化二氧化碳”；字颜色为黑色

（9）液化石油气气瓶

液化石油气气瓶颜色为银灰；字样“液化石油气”；字颜色为大红

图 3-3-2　常见气瓶颜色

混合气体按其主要危险特性分为四类：可燃性、毒性（含腐蚀性，下同）、氧化性和不燃性（一般性）。盛装混合气体的气瓶瓶色分为头色和体色两部分。头色为头部（瓶颈和瓶肩两部分）所涂敷的颜色，头色需涂敷成两种颜色时，按头部长度（高度）平分为上、下两部分，各涂敷一种颜色；体色指瓶体所涂敷的颜色，即混合气体气瓶头部以外的部分的颜色。铝合金质气瓶、不锈钢气瓶盛装混合气体，不涂敷体色而保持金属本色。

混合气体气瓶的瓶色如表 3-3-1。

表 3-3-1　混合气体气瓶颜色

<table>
<tr><th rowspan="2">混合气体主要危险特性</th><th colspan="2">头色</th><th rowspan="2">体色</th><th rowspan="2">字色　环色</th></tr>
<tr><th>上</th><th>下</th></tr>
<tr><td>燃烧性</td><td colspan="2">R03 大红</td><td rowspan="6">B04 银灰</td><td>R03 大红</td></tr>
<tr><td>毒性</td><td colspan="2">Y06 淡黄</td><td>Y06 淡黄</td></tr>
<tr><td>氧化性</td><td colspan="2">PB06 淡（酞）蓝</td><td>PB06 淡（酞）蓝</td></tr>
<tr><td>不燃性（一般性）</td><td colspan="2">G05 深绿</td><td>G05 深绿</td></tr>
<tr><td>燃烧性和毒性</td><td>R03 大红</td><td>Y06 淡黄</td><td>R03 大红</td></tr>
<tr><td>毒性和氧化性</td><td>Y06 淡黄</td><td>PB06 淡（酞）蓝</td><td>Y06 淡黄</td></tr>
</table>

三、气瓶使用年限和定期检验

1. 气瓶使用年限

各类气瓶都有其最小的设计使用年限，如下表 3-3-2。当使用年限大于表 3-3-2 的规定时应当通过相应试验进行验证。

表 3-3-2　常用气瓶设计使用年限

<table>
<tr><th>序号</th><th>气瓶品种</th><th>设计使用年限/年</th></tr>
<tr><td>1</td><td>钢质无缝气瓶</td><td>30</td></tr>
<tr><td>2</td><td>钢质焊接气瓶</td><td rowspan="4">20</td></tr>
<tr><td>3</td><td>铝合金无缝气瓶</td></tr>
<tr><td>4</td><td>长管拖车及管束式集装箱用大容积钢质无缝气瓶</td></tr>
<tr><td>5</td><td>溶解乙炔气瓶及吸附式天然气焊接钢瓶</td></tr>
<tr><td>6</td><td>车用压缩天然气钢瓶</td><td rowspan="5">15</td></tr>
<tr><td>7</td><td>车用液化石油气钢瓶及车用液化二甲醚钢瓶</td></tr>
<tr><td>8</td><td>钢质内胆玻璃纤维环向缠绕气瓶</td></tr>
<tr><td>9</td><td>铝合金内胆纤维环向缠绕气瓶</td></tr>
<tr><td>10</td><td>铝合金内胆纤维全缠绕气瓶</td></tr>
</table>

（续表）

序号	气瓶品种	设计使用年限/年
11	盛装腐蚀性气体或者在海洋等易腐蚀环境中使用的钢质无缝气瓶、钢质焊接气瓶	12

2. 气瓶检验的周期

为了保证气瓶的使用安全，各种气瓶应由具有气瓶检验资质的机构对气瓶进行定期检验，检验周期如下：

① 盛装腐蚀性气体的气瓶（如二氧化硫、硫化氢等），每两年检验一次；

② 盛装一般气体的气瓶（如空气、氧气、氮气、氢气、乙炔等），每三年检验一次；

③ 盛装惰性气体的气瓶（氩、氖、氦等），每五年检验一次。

气瓶在使用过程中，发现有严重腐蚀、损伤或对其安全可靠性有怀疑时，应提前进行检验。超过检验期限的气瓶，启用前应进行检验；库存和停用时间超过一个检验周期的气瓶，启用前应进行检验。

3. 气瓶检验的内容

气瓶的定期技术检验的项目包括以下两项。

(1) 内外表面检查

内外表面检查应在气瓶液压试验前后进行，检查前应先将瓶内铁锈、油污等杂质清除干净。

检查盛装有毒或易燃气体的气瓶时，必须先将瓶内残存的气体排除干净。气瓶经过内外表面检查，发现瓶壁有裂缝、鼓疱或明显的变形时应报废。发现有硬伤、局部片状腐蚀或密集斑点腐蚀时，应根据剩余壁厚进行校核，以确定是否达到要求。

(2) 液压试验

液压试验的目的是查明容器及各连接处的强度和紧密性。它是最安全的试验方法。试验压力为最高工作压力的1.5倍。试验时应缓慢升压至工作压力，检查接头处有无渗漏。如无渗漏现象，再继续升压至试验压力，并保压1～2 min，然后降至工作压力进行全面检查。气瓶在做液压试验的同时，应进行容积残余变形的测定。

气瓶做液压试验时，无渗漏现象，且容积残余变形率不超过10%，即认为合格。气瓶经检验后，必须在气瓶肩部的规定位置按下列项目和顺序打钢印：

① 合格的气瓶：检验单位代号，本次和下次检验日期。

② 降压的气瓶：检验单位代号，本次和下次检验日期。

③ 报废的气瓶：检验单位代号，检验日期。

四、气瓶安全使用要求

1. 气瓶运输要求

车辆运输过程中气瓶必须佩戴好气瓶帽、防震圈，当装有减压器时应拆下，气瓶帽要拧紧，防止摔断瓶阀造成事故；气瓶应直立向上装在车上，妥善固定，防止倾斜、摔倒或跌落,车厢高度应在瓶高的2/3以上。

装运气瓶的车辆应有“危险品”安全标志。车辆停靠时,驾驶员与押运人员不得同时离开,且不得在繁华市区、人员密集区附近停靠。不应长途运输乙炔气瓶。

运输可燃气体气瓶的车辆必须备有灭火器材。运输有毒气体气瓶的车辆必须备有防毒面具。夏季运输时应有遮阳设施,适当覆盖,避免曝晒。所装介质接触能引燃爆炸、产生毒气的气瓶,不得同车运输。易燃品、油脂和带有油污的物品,不得与氧气瓶或强氧化剂气瓶同车运输。

车辆上除司机、押运人员外,严禁无关人员搭乘。司乘人员严禁吸烟或携带火种。

2. 气瓶搬运要求

搬运气瓶时,要旋紧瓶帽,以直立向上的位置来移动,注意轻装轻卸,禁止从瓶帽处提升气瓶。

近距离(5 m内)移动气瓶,应手扶瓶肩转动瓶底,并且要使用手套。移动距离较远时,应用专用小车搬运,特殊情况下可采用适当的安全方式搬运。

禁止用身体搬运高度超过1.5 m的气瓶到手推车或专用吊篮等里面,可采用手扶瓶肩转动瓶底的滚动方式。

卸车时应在气瓶落地点铺上软垫或橡胶皮垫,逐个卸车,严禁溜放。

装卸氧气瓶时,工作服、手套和装卸工具、机具上不得粘有油脂。

当提升气瓶时,应使用专用吊篮或装物架。不得使用钢丝绳或链条吊索。严禁使用电磁起重机和链绳。

3. 气瓶使用要求

气瓶的放置地点不得靠近热源,应与办公、居住区域保持10 m以上;应防止暴晒、雨淋、水浸,环境温度超过40 ℃时,应采取遮阳等措施降温。氧气瓶和乙炔气瓶使用时应分开放置,至少保持5 m间距,且距明火10 m以外。盛装易发生聚合反应或分解反应气体的气瓶,如乙炔气瓶,应避开放射源。

气瓶应立放使用,严禁卧放,并应采取防止倾倒的措施。乙炔气瓶使用前,必须先直立20 min,然后连接减压阀使用。

气瓶及附件应保持清洁、干燥,防止沾染腐蚀性介质、灰尘等。氧气瓶瓶阀不得沾有油脂,焊工不得用沾有油脂的工具、手套或油污工作服去接触氧气瓶阀、减压器等。

禁止将气瓶与电气设备及电路接触,与气瓶接触的管道和设备要有接地装置。在气、电焊混合作业的场地,要防止氧气瓶带电,如地面是铁板,要垫木板或胶垫加以绝缘。乙炔气瓶不得放在橡胶等绝缘体上。

气瓶瓶阀或减压器有冻结、结霜现象时,不得用火烤,可将气瓶移入室内或气温较高的地方,或用40 ℃以下的温水冲浇,再缓慢地打开瓶阀。严禁用温度超过40 ℃的热源对气瓶加热。

开启或关闭瓶阀时，应用手或专用扳手，不能使用其他工具，以防损坏阀件。装有手轮的阀门不能使用扳手。如果阀门损坏，应将气瓶隔离并及时维修。开启或关闭瓶阀应缓慢，特别是盛装可燃气体的气瓶，以防止产生摩擦热或静电火花。

打开气瓶阀门时，人要站在气瓶出气口侧面。严禁敲击、碰撞气瓶。瓶内气体不得用尽，必须留有剩余压力。压缩气体气瓶的剩余压力应不小于 0.05 MPa，液化气体气瓶应留有不少于 0.5%～1.0%规定充装量的剩余气体。在可能造成回流的使用场合，使用设备上必须配置防止回流的装置，如单向阀、止回阀、缓冲器等。气瓶使用完毕后应关闭阀门，释放减压器压力，并佩戴好瓶帽。

气瓶投入使用后，不得对瓶体进行挖补、焊接修理。严禁将气瓶用作支架等其他用途。气瓶使用完毕，要妥善保管。气瓶上应有状态标签（“空瓶”“使用中”“满瓶”标签）。严禁在泄漏的情况下使用气瓶。使用过程中发现气瓶泄漏，要查找原因，及时采取整改措施。禁止自行处理气瓶内的残液。

4. 气瓶储存

气瓶宜储存在室外带遮阳、雨篷的场所。储存场所应通风、干燥，防止雨（雪）淋、水浸，避免阳光直射。

储存在室内时，建筑物应符合有关标准要求。气瓶储存室不得设在地下室或半地下室，也不能和办公室或休息室设在一起。严禁明火和其他热源，不得有地沟、暗道和底部通风孔，并且严禁任何管线穿过。储存可燃、爆炸性气体气瓶的库房内照明设备必须防爆，电器开关和熔断器都应设置在库房外，同时应设避雷装置。禁止将气瓶放置到可能导电的地方。室内储存气瓶时，应定期测试储存场所的温度和湿度，并做好记录，尤其是夏季。储存场所最高允许温度应根据盛装气体性质而定，储存场所的相对湿度应控制在 80%以下。储存毒性气体或可燃性气体气瓶的室内储存场所，必须监测储存点空气中毒性气体或可燃性气体的浓度。如果浓度超标，应强制换气或通风，并查明危险气体浓度超标的原因，采取整改措施。定期对储存场所的用电设备、通风设备、气瓶搬运工具和栅栏、防火和防毒器具进行检查，发现问题及时处理。

气瓶应分类储存：空瓶和满瓶分开，氧气或其他氧化性气体与燃料气瓶和其他易燃材料分开；乙炔气瓶与氧气瓶、氯气瓶及易燃物品分室，毒性气体气瓶分室，瓶内介质相互接触能引起燃烧、爆炸、产生毒物的气瓶分室。

易燃气体气瓶储存场所的 15 m 范围以内，禁止吸烟、从事明火和生成火花的工作，并设置相应的警示标志。

气瓶应直立储存，用栏杆或支架加以固定或扎牢，禁止利用气瓶的瓶阀或头部来固定气瓶。支架或扎牢应采用阻燃的材料，同时应保护气瓶的底部免受腐蚀。

气瓶（包括空瓶）储存时应将瓶阀关闭，卸下减压器，戴上并旋紧气瓶帽，整齐排放。

盛装不宜长期存放或限期存放气体的气瓶，如氯乙烯、氯化氢、甲醚等气瓶，均应注明存放期限。

盛装容易发生聚合反应或分解反应气体的气瓶，如乙炔气瓶，必须规定储存期限，根据气体的性质控制储存点的最高温度，并应避开放射源。

气瓶存放到期后，应及时处理。

如果气瓶漏气，首先应根据气体性质做好相应的人体保护。在保证安全的前提下，关闭瓶阀，如果瓶阀失控或漏气点不在瓶阀上，应采取相应紧急处理措施。

第四章

危险化学品储运

DI SI ZHANG

危险化学品储存是指生产过程中所需要的原料、中间品、产品等物料在离开生产领域且未进入消费领域之前，在流通过程中形成的储藏和保存行为。运输是将危险化学品从相对密闭的工厂、车间、仓库带到敞开的、可能与公众密切接触的空间，这使事故的危害程度大大增加。

危险化学品在储运过程中，除了具有自身的危险性、性质相抵触的物品混存混运的危险性外，储存仓库选址、库区布置、设备设施缺欠、操作人员违章、管理制度不完善、交通事故等都是重要的潜在危险因素。

第一节　危险化学品储存安全

一、危险化学品储存事故分析

由于危险化学品具有易燃易爆、氧化、腐蚀、毒害等危险危害特性，在储存过程中若方式方法不当，管理疏忽或违章操作等因素都有引发事故的风险。总结多年的经验和案例，危险化学品储存发生事故的原因主要有：

1. 着火源控制不严

着火源是指可燃物燃烧的一切热能源，包括明火焰、赤热体、火星和火花、物理和化学能等。储存场所没有严格控制火源，在仓库或罐区内吸烟、用炉子取暖、使用手机、进行焊割等维修作业或外来车辆进入爆炸危险区域未安装火星熄灭器等，一旦有可燃气体、蒸气泄漏出来，遇到这些着火源即会引发事故。作业人员操作时没有穿防静电工作服，产生的静电火花也会成为点火源。

2. 性质相互抵触的物品混存

混合储存是指两种或两种以上的危险化学品混合在同一个仓库或同一仓间储存。由于各种危险化学品具有不同的危险性，有些具有易燃易爆危险性，有些具有氧化性，如果把这些性质不同的禁忌物质存放在一起，在储存或搬运过程中可能互相接触而发生事故。混合储存的危险性有下列几种情况：

（1）具有氧化性物质与还原性物质混合接触，会发生剧烈氧化还原反应，放出大量热量引燃易燃易爆物质，导致火灾、爆炸事故。例如氧、氯、溴、硝酸、浓硫酸、过氧化物、高锰酸钾、氯酸盐、铬酐、漂白粉等这一类氧化性物质与烃类、胺类、醇类、有机酸、油脂、硫、磷、碳、金属粉等还原性物质相互混合后，都会发生剧烈的氧化还原反应，放出大量热量，导致迅速燃烧甚至爆炸。2002 年 3 月 27 日，上海宝山区某化工仓库因作业人员在装卸高锰酸钾时违章操作，引发特大火灾，大火持续燃烧了 3 个多小时，事故原因就是禁忌物高锰酸钾与固体粗萘储存在一起。

（2）某些气体泄漏出来与其他气体相遇会发生燃烧爆炸。如氢和氯混合，在光的作用下有爆炸的危险；氢气与氧接触，遇火源能发生爆炸；高压氧气冲击到油脂等可燃物上会引起燃烧。

（3）某些盐类与强酸类物质混合，会生成游离的酸和酸酐，呈现极强的氧化性。例如氯酸盐、过氯酸盐与浓硫酸接触。强氧化性物质一旦遇到易燃、可燃物就会发生强烈氧化反应而引起火灾或爆炸。

（4）不同物质混合接触产生不稳定的物质。例如氯和铵盐混合接触，在一定条件下生成极不稳定的三氯化氮，此物质很不稳定，轻微震动或光照就会发生爆炸，爆炸的破坏力非常大。

（5）不同物质混合接触后能产生有毒物质。例如萘与硝酸、硫酸混合后易生成二硝基化合物，具有很强的毒性；漂白粉遇酸反应的产物有氯气、氯化氧有毒气体。

（6）灭火方法不同的物质储存在同一个仓间，当发生事故时若灭火剂选择不当，会加重事故后果。

3. 产品变质及超量存储

有些危险化学品已经长期不用，仍废置在仓库中，又不及时处理，往往因变质而引起事故。如硝化甘油安全储存期为 8 个月，逾期后自燃的可能性很大，而且在低温时容易析出结晶，当固液两相共存时灵敏性特别高，微小的外力作用就会使其分解而爆炸。危险化学品数量应符合规范的要求，否则也会给安全生产带来隐患。

4. 养护管理不善

危险化学品在储存过程中因管理不善，未根据储存危险化学品的种类、特性进行养护，导致其性质发生变化，也会引发事故。例如没有按照先进先出的原则，储存时间比较长或者长期不用搁置在仓库中，不及时处理都会变质，变成危险性更大的物质，而发生事故；易聚合的物质长期储存在容器内不动，由于阻聚剂下沉，上部液体因缺乏阻聚剂会发生聚合，将容器胀破物料泄漏。硝化棉因本身很不稳定，很易分解放热使热量积聚，达到自燃点而发生爆炸性燃烧，所以在储存中要加入湿润剂或稳定剂（水或乙醇），防止分解。2015 年发生在天津港某公司危险品仓库特别重大火灾爆炸事故，据报道事故直接原因就是由于仓库集装箱内的硝化棉润湿剂散失出现局部干燥，在高温（天气）等因素的作用下加速分解放热，积热自燃，引起相邻集装箱内的硝

化棉和其他危险化学品长时间大面积燃烧，导致堆放于运抵区的硝酸铵等危险化学品发生爆炸。

危险化学品储存场所安全设施不健全或者未定期检验检测，其性能失效，也会导致事故发生或加重事故后果。例如在有可燃或有毒气体可能泄漏场所未安装可燃或有毒气体检测报警仪，发生泄漏未及时发现而酿成事故；防爆电气、防雷设施等未定期请有资质单位进行检测，其性能失效，仍有可能成为点火源；消防设施未定期检查，发生火险会延误最佳灭火时机，造成严重事故后果；储罐上阻火器和呼吸阀没有定期检查，若被堵塞有使储罐内压力增加的危险；安全阀未定期校验，当罐内压力超过规定值时不能及时发现，有导致储罐破裂的危险。

5. 存储设施不符合要求

盛装危险化学品的储罐由于结构设计不合理、制造过程中焊接等方面有问题、材质选择不当等缺陷的存在，很易导致储罐在使用过程中发生事故。例如 1981 年 10 月，湖南某化工厂液氨储罐破裂造成氨泄漏，幸好操作人员发现及时未造成破坏后果。泄漏的原因是储罐在制造中焊缝存在缺陷，未对丁字缝作射线探伤检验，并取消了图纸的整体热处理要求，加上应力腐蚀，致使焊缝出现裂纹。1979 年 12 月 18 日，吉林市某液化气站的 2 号 400 m^3 液化石油气球罐发生焊缝破裂，大量液化石油气喷出扩散，遇明火发生燃烧爆炸，造成 36 人死亡、50 人重伤、直接经济损失约 627 万元。事故的原因是球罐的上、下环焊缝焊接质量很差，焊缝表面及内部存在很多咬边、错边、裂纹、熔合不良、夹渣及气孔等缺陷。事故发生前在上下环焊壁焊趾的一些部位已存在纵向裂纹；球罐投入使用两年零两个月也从未进行检验，使得制造、安装中的先天性缺陷未及时发现和消除，当罐内压力稍有波动裂纹便扩展，造成低应力脆性断裂。又如 2002 年 12 月末某公司环氧酸装置进行催化汽油碱渣进料作业，V201、V203 罐相继爆炸着火，罐顶飞出 20 m，罐体倾斜损坏。经查造成这次事故的原因是 V201 罐进料方式设计不合理，采用从储罐的上部进料，进料口距罐底 7.8 m，罐内液位 3.3 m，物料喷溅产生静电火花引燃罐内可燃气体。

6. 违反操作规程及处置错误

危险化学品在储存过程中若未按照操作规程操作，就有引起事故的危险，如在搬运过程中没有轻装轻卸，而随意抛、甩、滚、扔，或者摆放不稳、堆垛过高而发生坠落或倾倒，都会将包装容器损坏，造成内部物品泄漏事故；货物出入库未经核查登记，无进出台账，随意堆放，导致性能相抵触物质接触发生化学反应；不宜露天存放的物质而露天堆放，在太阳的曝晒或雨淋下发生异常反应等；或在仓库中从事分装、改装作业，致使物料泄漏而引发事故。储罐储存危险化学品时，在进料、倒罐等作业中违规开错阀门，造成储罐满溢，大量物料泄漏，进而引发重特大火灾爆炸；着火时因不熟悉危险化学品的性能，灭火方法和灭火器材使用不当而使事故扩大，造成更大的损失。例如 2011 年大连某石化分公司储运车间柴油罐区一台 20 000 m^3 柴油储罐在进料过程中发生闪爆并引发火灾。事故的直接原因是事故储罐送油时造成液位过低，浮盘与柴油液面之间形成气相空间，因有空气进入罐内，在浮盘下形成爆炸性混合气体；加之进油流速过快，产生大量静电无法及时导出而发生静电放电，静电火花引发爆炸。2015 年日照某公司液态烃球罐在倒罐作业过程中，发生着火爆炸事故，造成 2 个球罐被炸毁、2 个球罐炸塌、5 个球罐被损坏、7 辆消防车被损毁的严重后果，事故也是在球罐切水时操作不当导致液化气泄漏，气化扩散遇火源引爆所致。

7. 储存环境不符合存放要求

许多危险化学品对储存的温度、湿度等环境条件有一定要求，在储存过程中仓库若没有采取有效措施进行控制，可能发生事故。例如金属钠、氢化钠、保险粉、碳化钙、二硼氢、铝镁粉混合物等物质与水分接触后都会剧烈反应，产生可燃气体氢气或乙炔，同时放出大量热量使温度升高，引燃产生的可燃气体而发生火灾、爆炸。所以这些物质储存时若仓库漏雨、物质受潮，极易发生事故。

易燃液体储存时若受热，温度升高时体积会膨胀，同时液体会加速气化。在密闭容器中，由于体积膨胀，器内气相空间减小，再加上气体的增加，使容器内压力迅速上升，造成“鼓桶”甚至爆裂。容器一旦破裂，大量液体到处流淌，气化扩散，很易引起严重的火灾爆炸事故，易燃液体、液化烃储罐若没有隔热保温措施，夏天因气温升高，更易发生事故。

8. 库址选址及总布置不合理

正确地选择危险化学品仓库库址，可以减少发生事故时与周围居住区、工矿企业和交通线之间的相互影响；合理布置库区，可以保证危险化学品有个安全的储存环境，也有利于事故后的应急救援。1989 年 8 月 12 日黄岛油库特大火灾事故造成 19 人死亡、100 多人受伤、直接经济损失 3 540 万元。在调查事故原因时发现，中国石油天然气总公司所属黄岛油库老罐区 5 座油罐建在半山坡上，输油生产区建在近邻的山脚下。这种设计只考虑利用自然高度差输油节省电力，忽视了消防安全要求，影响对油罐的观察巡视。发生爆炸火灾后，首先殃及生产区。这不仅给黄岛油库区的自身安全留下长期重大隐患，还对胶州湾的安全构成了永久性威胁。此外库区间的消防通道路面狭窄、凹凸不平，且非环形道路，消防车没有掉头回旋余地，降低了集中优势使用消防车抢险灭火的可能性，错过了火灾早期扑救的时机，使事故不断扩大。

二、危险化学品储存安全管理

《危险化学品安全管理条例》和《常用化学危险品贮存通则》，规定了常用危险化学品储存的基本要求。对危险化学品出、入库，储存及养护提出了严格的要求，是危险化学品安全储存的法律依据。

1. 危险化学品储存的基本要求

储存危险化学品必须遵照国家法律、法规和其他有关的规定。

危险化学品必须储存在经主管部门批准设置的专门的危险化学品仓库中，经销部门自管仓库储存危险化学品及储存数量必须经主管部门批准。未经批准不得随意

设置危险化学品储存仓库。

危险化学品露天堆放，应符合防火、防爆的安全要求，爆炸物品、一级易燃物品、遇湿燃烧物品、剧毒物品不得露天堆放。

储存危险化学品的仓库必须配备有专业知识的技术人员，其库房及场所立设专人管理，管理人员必须配备可靠的个人安全防护用品。

储存的危险化学品应有明显的标志。同一区域储存两种或两种以上不同级别的危险品时，应按最高等级危险物品的性能标志。

危险化学品储存方式分为三种：一是隔离储存。即在同一房间或同一区域内，不同的物料之间分开一定的距离，非禁忌物料间用通道保持空间的储存方式。二是隔开储存。即在同一建筑或同一区域内，用隔板或墙，将其与禁忌物料分离开的储存方式。三是分离储存。即在不同的建筑物或远离所有建筑的外部区域内的储存方式。

根据危险品性能分区、分类、分库储存。各类危险品不得与禁忌物料混合储存。

储存危险化学品的建筑物、区域内严禁吸烟和使用明火。

2. 储存场所的要求

(1) 储存危险化学品的建筑物不得有地下室或其他地下建筑，其耐火等级、层数、占地面积、安全疏散和防火间距，应符合国家有关规定。

(2) 储存地点及建筑结构的设置，除了应符合国家的有关规定外，还应考虑对周围环境和居民的影响。

(3) 储存场所的电气安装

危险化学品储存建筑物、场所消防用电设备应能充分满足消防用电的需要；危险化学品储存区域或建筑物内输配电线路、灯具、火灾事故照明和疏散指示标志，都应符合安全要求；储存易燃、易爆危险化学品的建筑，必须安装避雷设备。

(4) 储存场所通风或温度调节

储存危险化学品的建筑必须安装通风设备，并注意设备的防护措施；通排风系统应设有导除静电的接地装置；通风管应采用非燃烧材料制作，且不宜穿过防火墙等防火分隔物，如必须穿过时应用非燃烧材料分隔。

储存危险化学品建筑采暖的热媒温度不应过高，热水采暖不应超过 80 ℃，不得使用蒸汽采暖和机械采暖；采暖管道和设备的保温材料，必须采用非燃烧材料。

3. 储存安排及储存量限制

(1) 危险化学品储存安排取决于危险化学品分类、分项、容器类型、储存方式和消防的要求。

(2) 储存量及储存安排见表 4-1-1。

表 4-1-1　危险化学品储存量及要求

储存要求＼储存类别	露天储存	隔离储存	隔开储存	分离储存
平均单位面积储存量(t/m^2)	1.0～1.5	0.5	0.7	0.7
单一储存区最大储量/t	2 000～2 400	200～300	200～300	400～600
垛距限制/m	2	0.3～0.5	0.3～0.5	0.3～0.5
通道宽度/m	4～6	1～2	1～2	5
墙距宽度/m	2	0.3～0.5	0.3～0.5	0.3～0.5
与禁忌品距离/m	10	不得同库储存	不得同库储存	7～10

(3) 遇火、遇热、遇潮能引起燃烧、爆炸或发生化学反应，产生有毒气体的危险化学品不得在露天或在潮湿、积水的建筑物中储存。

(4) 受日光照射能发生化学反应引起燃烧、爆炸、分解、化合或能产生有毒气体的危险化学品应储存在一级建筑物中。其包装应采取避光措施。

(5) 爆炸物品不准和其他类物品同储，必须单独隔离限量储存，仓库不准建在城镇，还应与周围建筑、交通干道、输电线路保持一定安全距离。

(6) 压缩气体和液化气体必须与爆炸物品、氧化剂、易燃物品、自燃物品、腐蚀性物品隔离储存。易燃气体不得与助燃气体、剧毒气体同储；氧气不得与油脂混合储存，盛装液化气体的容器属压力容器的，必须有压力表、安全阀、紧急切断装置，并定期检查，不得超装。

(7) 易燃液体、遇湿易燃物品、易燃固体不得与氧化剂混合储存，具有还原性氧化剂应单独存放。

(8) 有毒物品应储存在阴凉、通风、干燥的场所，不要露天存放，不要接近酸类物质。

(9) 腐蚀性物品，包装必须严密，不允许泄漏，严禁与液化气体和其他物品共存。

4. 危险化学品的储存管理

(1) 危险化学品入库时，应严格检验物品质量、数量、包装情况、有无泄漏。

(2) 危险化学品入库后应采取适当的养护措施，在储存期内，定期检查，发现其品质变化、包装破损、渗漏、稳定剂短缺等，应及时处理。

(3) 库房温度、湿度应严格控制、经常检查，发现变化及时调整。

5. 危险化学品出入库管理

(1) 储存危险化学品的仓库，必须建立严格的出入库管理制度。

(2) 危险化学品出入库前均应按合同进行检查验收、登记，验收内容包括：数量、包装、危险标志。经核对后方可入库、出库，当物品性质未弄清时不得入库。

(3) 进入危险化学品储存区域的人员、机动车辆和作业车辆，必须采取防火措施。

(4) 装卸、搬运危险化学品时应按有关规定进行,做到轻装、轻卸。严禁摔、碰、撞击、拖拉、倾倒和滚动。

(5) 装卸对人身有毒害及腐蚀性的物品时,操作人员应根据危险性,穿戴相应的防护用品。

(6) 不得用同一车辆运输互为禁忌的物料。

(7) 修补、换装、清扫、装卸易燃、易爆物料时,应使用不产生火花的铜制、合金制或其他工具。

6. 消防措施

(1) 根据危险品特性和仓库条件,必须配置相应的消防设备、设施和灭火药剂。并配备经过培训的兼职和专职的消防人员。

(2) 储存危险化学品建筑物内应根据仓库条件安装自动监测和火灾报警系统。

(3) 储存危险化学品的建筑物内,如条件允许,应安装灭火喷淋系统(遇水燃烧危险化学品,不可用水扑救的火灾除外),其喷淋强度和供水时间为:喷淋强度 15 L/(min · m^2);持续时间 90 min。

7. 废弃物处理

禁止在危险化学品储存区域内堆积可燃废弃物品;泄漏或渗漏危险品的包装容器应迅速移至安全区域;按危险化学品特性,用化学的或物理的方法处理废弃物品,不得任意抛弃、污染环境。

8. 人员培训

仓库工作人员应进行培训,经考核合格后持证上岗。对危险化学品的装卸人员进行必要的教育,使其按照有关规定进行操作。仓库的消防人员除了具有一般消防知识之外,还应进行在危险品库工作的专门培训,使其熟悉各区域储存的危险化学品种类、特性、储存地点、事故的处理程序及方法。

第二节　危险化学品运输安全

一、危险化学品运输事故分析

危险化学品运输事故相当严重,其主要原因有:

1. 认识不到位,疏于管理

一些地方政府和有关主管部门对危险化学品车辆、船舶、码头和仓库安全管理问题重视不够,尚未把危险化学品运输安全管理工作提到重要议事日程上来。一些企业领导只注重经济效益,安全生产意识淡漠。

2. 法规和制度建设不够完善

尽管《危险化学品安全管理条例》已经颁布,但从总体上看,危险品立法体系尚不健全。有关国际国内危险物品运输法规和规章的贯彻执行力度也不够。

3. 人员素质低,教育培训制度尚未建立和健全

一些危险化学品运输企业缺少培训,无证上岗;从业人员业务技术素质差,对危险化学品性质、特点、鉴别方法和应急防护措施不了解、不掌握,造成事故频发;某些货主对危险货物危险性认识不足,在托运时,为图省钱、省事,存在不报、瞒报情况,甚至将危险货物冒充普通货物。

4. 危险化学品运输、储存设施缺乏合理的规划,设备条件较差,消防应急能力弱

一些城市从事危险化学品作业的码头、车站和库场的建设缺乏通盘考虑,布局分散零乱,对城市和港口安全构成威胁。从事危险化学品运输的车辆和船舶,部分是改装而来,安全技术状况较差。在危险化学品运输消防方面,水上消防力量贫乏,消防设施配备不到位,不能应对发生特大恶性事故。一部分散装危险化学品码头和仓库系在普通码头或在简陋条件基础上改建,消防设施不足,存在隐患。

5. 危险货物包装质量差

由于包装不符合安全运输标准的要求,加上包装检验工作刚刚起步,管理工作没有完全到位,导致各种危险货物泄漏、污染、燃烧等事故频频发生。每天穿梭往返于城市、工厂或港口的危险化学品运输车辆,有的是整车缺少标志或标志不清,有的是载运的危险化学品外包装标志不清、包装质量也较差。

二、危险化学品运输安全管理

危险化学品运输必须认真贯彻执行《危险化学品安全管理条例》(以下简称《条例》)以及其他有关法律和法规规定,管理部门要把好市场准入关,加强现场监管,加强行业指导和改善服务;企业要建立健全规章制度,依法经营,加强管理,重视培训,努力提高从业人员安全生产的意识和技术业务水平,从本质上提升危险化学品运输企业的素质。

1. 运输单位资质认定

《条例》规定,国家对危险化学品的运输实行资质认定制度;未经资质认定,不得运输危险化学品。通过公路运输危险化学品的,须委托有危险化学品运输资质的运输企业承运。对利用内河以及其他封闭水域等航运渠道运输剧毒化学品以外危险化学品的,须委托有危险化学品运输资质的水运企业承运。运输危险化学品的船舶及其配载的容器必须按照国家关于船舶检验的规范进行生产,并经有关管理机构认可的船舶检验机构检验合格,方可投入使用。

管理部门要按照《条例》和运输企业资质条件的规定,从源头抓起,对从事危险货物运输的车辆、船舶、车站和港口码头及其工作人员实行资质管理,严格执行市场准入和持证上岗制度,保证符合条件的企业及其车辆或船舶进入危险化学品运输市场。针对当前从事危险化学品运输的单位和个人参差不齐、市场比较混乱的情况,要通过开展专项整治工作,对现有市场进行清理整顿,进一步规范经营秩序和提高安全管理

水平。同时，要结合对现有企业进行资质评定，采取积极的政策措施，鼓励那些符合资质条件的单位发展高度专业化的危险化学品运输。

在开展的危险化学品专项整治工作中，结合贯彻《条例》精神，从加强管理入手，以实现危险化学品运输安全形势明显好转为目标，全面整治现行危险化学品运输市场。管理部门要按照《条例》规定，认真履行职责，严格各种资质许可证书的审核发放。同时加强监督，严格把关，严禁使用不符合安全要求的车辆、船舶运输危险化学品，严禁个体业主从事危险化学品的运输。要加强与安全管理综合部门以及公安、消防、质量监督等部门的协作与配合，加大对危险化学品非法运输的打击力度。通过对包括装卸和储存等环节在内的危险化学品运输全过程的严格管理和突击整治，全面落实有关危险化学品安全管理的法规和制度。

2. 加强现场监督检查

企业、单位托运危险化学品或从事危险化学运输，应按照本《条例》和国家主管部门的规定办理手续，并接受交通、港口、海事管理等其他有关部门的监督管理和检查。各有关部门应加强危险化学品运输、装卸、储存等现场的安全监督，严格把好危险货物申报关和进出口关，并根据实际情况需要实施监装监工作。督促有关企业、单位认真贯彻执行有关法律、法规和规章的规定以及国家标准的要求，重点做好以下现场管理工作：

(1) 加强运输生产现场科学管理和技术指导，并根据所运输危险化学品的危险特性，采取必要的针对性的安全防护措施；

(2) 搞好重点部位的安全管理和巡检，保证各种生产设备处于完好和有效状态；

(3) 严格执行岗位责任制和安全管理责任制；

(4) 坚持对车辆、船舶和包装容器进行检验，做到不合格、无标志的一律不得装卸和启运；

(5) 加强对安全设施的检查，制定本单位事故应急救援预案，配备应急救援人员和设备器材，定期演练，提高对各种恶性事故的预防和应急反应能力。

通过公路运输危险化学品，《条例》规定必须配备押运人员，并随时处于抽运人员的监督之下。车辆不得超载或进入危险化学品运输车辆禁止通行的区域。确需进入禁行区域的，应当事先向当地公安部门报告，并由公安部门为其指定行车时间和路线，运输车辆必须严格遵守。运输危险化学品车辆中途停留住宿或者遇有无法正常运输情况时，应当及时向当地公安部门报告，以便加强安全监管。

3. 严格剧毒化学品运输的管理

剧毒化学品运输分公路运输、水路运输和其他形式的运输。《条例》从保护内河水域环境和饮用水安全角度规定，禁止利用内河以及其他封闭水域等水路运输渠道运输剧毒化学品。

除剧毒化学品外，内河禁运的其他危险化学品，《条例》明确由国务院交通部门规定。禁运危险化学品种类及范围的设定，以既不影响工业生产和人民生活又能遏制恶性事故发生为原则。

虽然剧毒化学品海上运输不在禁止之列，但也必须按照有关规定严格管理。《条例》对公路运输剧毒化学品分别从托运和承运的角度做出了严格的规定：通过公路运输剧毒化学品的，托运人应当向目的地的县级人民政府公安部门申请办理剧毒化学品公路运输通行证，并提交所运输危险化学品的品名、数量、运输始发地和目的地、运输路线、运输单位、驾驶人员、押运人员、经营单位和购买单位资质等情况的材料。剧毒化学品在公路运输途中发生被盗、丢失、流散、泄漏等情况时，承运人及押运人员必须立即向当地公安部报告，并采取一切警示措施。公安部门接到报告后，应当立即向其他有关部门通报情况。获知情况后各部门应当及时采取必要的安全措施。

4. 实行从业人员培训制度

狠抓技术培训，努力提高从业人员素质，是提高危险化学品运输安全质量的重要一环。《条例》规定，危险化学品运输企业，应当对其驾驶员、船员、装卸管理人员、押运人员进行有关安全知识培训；驾驶员、船员、装卸管理人员、押运人员必须掌握危险化学品运输的安全知识，并经所在地设区的市级人民政府交通部门考核合格，船员经海事管理机构考核合格，取得上岗资格证，方可上岗作业。为确保危险化学品运输安全质量，还应对与危险化学品运输有关的托运人进行培训。

通过培训使托运人了解托运危险化学品的危险程度和处置办法，并能向承运人说明运输的危险化学品的品名、数量、危害、应急措施等情况，做到不在托运的普通货物中夹带危险化学品，不将危险化学品匿报或者谎报为普通货物托运。通过培训使承运人了解所运载的危险化学品的性质、危害特性、包装容器的使用特性、必须配备的应急处理器材和防护用品以及发生意外时的应急措施等。

为了搞好培训，主管部门要指导并通过行业协会制定教育培训计划，组织编写危险化学品运输应知应会教材和举办专业培训班，分级组织落实，并实行岗位在职资质制度，由主管部门批准认可的机构组织对培训合格人员发证。企业管理和现场工作人员必须实行持证上岗。

第三节 危险化学品消防安全管理规定

危险化学品存储消防安全管理的相关法律法规主要有：一是《建筑设计防火规范》(GB 50016—2014)(简称《建规》)，对仓库建筑物的火灾危险分类、建筑物的耐火等级及疏散要求、建筑物的防火间距等给予了严格规定，对储存各类危险化学品的仓库也提出了具体的要求；二是《石油化工企业设计防火规范》(GB 50160—2008)(简称《石化规》)，适用于石油化工企业新建、扩建或改建工程的防火设计，但不适用于炸药仓库、花炮仓库；三是《仓储场所消防安全管理通则》(GA 1131—2014)(简称《规则》)，提出了仓库消防安全管理的原则、责任和措施，规定了仓储场所消防安全管理

的一般要求、消防安全职责、消防安全检查、储存管理、装卸安全管理、用电用火安全管理、消防设施和消防器材管理等。

一、火灾危险性分类

1. 储存物品的危险性分类

(1)《建筑设计防火规范》将存储物品按火灾危险大小分成甲、乙、丙、丁、戊五类。这些物品类别的火灾危险性特征见表 4-3-1。

表 4-3-1　生产的火灾危险性分类表

类别	火灾危险性特征	举　　例
甲	① 闪点小于 28 ℃的液体； ② 爆炸下限小于 10%的气体，以及受到水或空气中水蒸气的作用，能产生爆炸下限小于 10%气体的固体物质； ③ 常温下能自行分解或在空气中氧化能导致迅速自燃或爆炸的物质； ④ 常温下受到水或空气中水蒸气的作用，能产生可燃气体并引起燃烧或爆炸的物质； ⑤ 遇酸、受热、撞击、摩擦以及遇有机物或硫黄等易燃的无机物，极易引起燃烧或爆炸的强氧化剂； ⑥ 受撞击、摩擦或与氧化剂、有机物接触时能引起燃烧或爆炸的物质	① 已烷，戊烷，环戊烷，石脑油，二硫化碳，苯、甲苯，甲醇、乙醇、乙醚，蚁酸甲酯，醋酸甲酯、硝酸乙酯，汽油，丙酮，丙烯，60 度及以上的白酒； ② 乙炔，氢，甲烷，环氧乙烷，水煤气，液化石油气，乙烯、丙烯、丁二烯，硫化氢，氯乙烯，电石，碳化铝； ③ 硝化棉，硝化纤维胶片，喷漆棉，火胶棉，赛璐珞棉，黄磷； ④ 金属钾、钠、锂、钙、锶，氢化锂、氢化钠，四氢化锂铝； ⑤ 氯酸钾、氯酸钠，过氧化钾、过氧化钠，硝酸铵； ⑥ 赤磷，五硫化磷，三硫化磷
乙	① 闪点大于等于 28 ℃，但小于 60 ℃的液体； ② 爆炸下限大于等于 10%的气体不属于甲类的氧化剂； ③ 不属于甲类的化学易燃危险固体； ④ 助燃气体； ⑤ 常温下与空气接触能缓慢氧化，积热不散引起自燃的物品	① 煤油，松节油，丁烯醇，异戊醇，丁醚，醋酸丁酯，硝酸戊酯，乙酰丙酮，环已胺，溶剂油，冰醋酸，樟脑油，蚁酸； ② 氨气、液氯； ③ 硝酸铜，铬酸，亚硝酸钾，重铬酸钠，铬酸钾，硝酸，硝酸汞、硝酸钴，发烟硫酸，漂白粉； ④ 硫黄，镁粉，铝粉，赛璐珞板(片)，樟脑，萘，生松香，硝化纤维漆布，硝化纤维色片； ⑤ 氧气，氟气； ⑥ 漆布及其制品，油布及其制品，油纸及其制品，油绸及其制品
丙	① 闪点大于等于 60 ℃的液体； ② 可燃固体	① 动物油、植物油，沥青，蜡，润滑油、机油、重油，闪点大于等于 60 ℃的柴油，糖醛，大于 50 度至小于 60 度的白酒； ② 化学、人造纤维及其织物，纸张，棉、毛、丝、麻及其织物，谷物，面粉，天然橡胶及其制品，竹、木及其制品，中药材，电视机、收录机等电子产品，计算机房已录数据的磁盘储存间，冷库中的鱼、肉间
丁	难燃烧物品	自熄性塑料及其制品，酚醛泡沫塑料及其制品，水泥刨花板

（续表）

类别	火灾危险性特征	举　　例
戊	不燃烧物品	钢材、铝材、玻璃及其制品，搪瓷制品、陶瓷制品，不燃气体，玻璃棉、岩棉、陶瓷棉、硅酸铝纤维，矿棉，石膏及其无纸制品，水泥、石、膨胀珍珠岩

（2）仓库的耐火等级

仓库的耐火等级分为四级，相应建筑构件的燃烧性能和耐火极限，应不低于表4-3-2的要求。

表4-3-2　不同耐火等级的仓库建筑构件的燃烧性和耐火极限　h

构件名称		耐火等级			
		一级	二级	三级	四级
墙	防火墙	不燃性 3.00	不燃性 3.00	不燃性 3.00	不燃性 3.00
	承重墙	不燃性 3.00	不燃性 2.50	不燃性 2.00	难燃性 0.50
	楼梯间和前室的墙电梯井的墙	不燃性 2.00	不燃性 2.00	不燃性 1.50	难燃性 0.50
	疏散走道两侧的隔墙	不燃性 1.00	不燃性 1.00	不燃性 0.50	难燃性 0.25
	非承重外墙房间隔墙	不燃性 0.75	不燃性 0.50	不燃性 0.50	难燃性 0.25
柱		不燃性 3.00	不燃性 2.50	不燃性 2.00	难燃性 0.50
梁		不燃性 2.00	不燃性 1.50	不燃性 1.00	难燃性 0.50
楼板		不燃性 1.50	不燃性 1.00	不燃性 0.75	难燃性 0.50
屋顶承重构件		不燃性 1.50	不燃性 1.00	难燃性 0.50	可燃性
疏散楼梯		不燃性 1.50	不燃性 1.00	不燃性 0.75	可燃性
吊顶（包括吊顶格栅）		不燃性 0.25	难燃性 0.25	难燃性 0.15	可燃性

2. 可燃气体、可燃液体及液化烃火灾危险性分类

根据《石油化工企业设计防火规范》（GB 50160—2008）的主要规定。

（1）可燃气体的火灾危险性应按表4-3-3分类。

表 4-3-3　可燃气体的火灾危险性分类

类别	可燃气体与空气混合物的爆炸下限
甲	＜10%(体积分数)
乙	≥10%(体积分数)

(2) 液化烃、可燃液体的火灾危险性分类应按表 4-3-4 分类，并应符合下列规定：

① 操作温度超过其闪点的乙类液体应视为甲 B 类液体；

② 操作温度超过其闪点的丙 A 类液体应视为乙 A 类液体；

③ 操作温度超过其闪点的丙 B 类液体应视为乙 B 类液体；操作温度超过其沸点的丙 B 类液体应视为乙 A 类液体。

表 4-3-4　液化烃、可燃液体的火灾危险性分类

名称	类别		特　征
液化烃	甲	A	15 ℃时的蒸气压力＞0.1 MPa 的烃类液体及其他类似的液体
可燃液体		B	甲 A 类以外，闪点＜28 ℃
	乙	A	闪点≥28 ℃至≤45 ℃
		B	闪点＞45 ℃至＜60 ℃
	丙	A	闪点≥60 ℃至≤120 ℃
		B	闪点＞120 ℃

3. 一般规定

可燃气体、助燃气体、液化烃和可燃液体的储罐基础、防火堤、隔堤及管架(墩)等，均应采用不燃烧材料。防火堤的耐火极限不得小于 3 h。

液化烃、可燃液体储罐的保温层应采用不燃烧材料。当保冷层采用阻燃型泡沫塑料制品时，其氧指数不应小于 30。

储运设施内储罐与其他设备及建构筑物之间的防火间距应按《石化规》的有关规定执行。

二、可燃液体及液化烃的装卸要求

1. 可燃液体的铁路装卸设施

可燃液体的铁路装卸栈台两端和沿栈台右应设梯子，在距装车栈台边缘 10 m 以外的可燃液体(润滑油除外)输入管道上应设便于操作的紧急切断阀；丙 B 类液体装卸栈台宜单独设置；甲 B、乙、丙 A 类的液体严禁采用沟槽卸车系统；顶部敞口装车的甲 B、乙、丙 A 类的液体应采用液下装车鹤管。

2. 可燃液体的汽车装卸站

可燃液体的汽车装卸站的进、出口宜分开设置；当进、出口合用时，站内应设回车场；装卸车场应采用现浇混凝土地面；装卸车鹤位与缓冲罐之间的距离不应小于

5 m，高架罐之间的距离不应小于 0.6 m；站内无缓冲罐时，在距装卸车鹤位 10 m 以外的装卸管道上应设便于操作的紧急切断阀；甲 B、乙 A 类液体装卸车鹤位与集中布置的泵的距离不应小于 8 m；甲 B、乙、丙 A 类液体的装卸车应采用液下装卸车鹤管；甲 B、乙、丙 A 类液体与其他类液体的两个装卸车栈台相邻鹤位之间的距离不应小于 8 m；装卸车鹤位之间的距离不应小于 4 m；双侧装卸车栈台相邻鹤位之间或同一鹤位相邻鹤管之间的距离应满足鹤管正常操作和检修的要求。

3. 液化烃铁路和汽车的装卸设施

液化烃铁路和汽车的装卸设施应符合：汽车装卸车场应采用现浇混凝土地面；液化烃严禁就地排放；低温液化烃装卸鹤位应单独设置；铁路装卸栈台宜单独设置，当不同时作业时，可与可燃液体铁路装卸共台设置；同一铁路装卸线一侧两个装卸栈台相邻鹤位之间的距离不应小于 24 m；铁路装卸栈台两端和沿栈台应设梯子；汽车装卸车鹤位之间的距离不应小于 4 m；双侧装卸车栈台相邻鹤位之间或同一鹤位相邻鹤管之间的距离应满足鹤管正常操作和检修的要求，液化烃汽车装卸栈台与可燃液体汽车装卸栈台相邻鹤位之间的距离不应小于 8 m；在距装卸车鹤位 10 m 以外的装卸管道上应设便于操作的紧急切断阀；装卸车鹤位与集中布置的泵的距离不应小于 10 m。

4. 可燃液体码头、液化烃码头

液化烃泊位宜单独设置，当不同时作业时，可与其他可燃液体共用一个泊位，液化烃的装卸应采用装卸臂或金属软管，并应采取安全放空措施；可燃液体码头、液化烃码头应符合下列规定：除船舶在码头泊位内外档停靠外，码头相邻泊位的船舶间的防火间距不应小于表 4-3-5 的规定；在距泊位 20m 以外或岸边处的装卸船管道上应设便于操作的紧急切断阀。

表 4-3-5　码头相邻泊位的船舶间的防火间距　　m

船长	279～236	235～183	182～151	150～110	<110
防火间距	55	50	40	35	25

5. 灌装站

不同气体灌装站要求不同：液化石油气的灌装站的灌瓶间和储瓶库宜为敞开式或半敞开式建筑物，半敞开式建筑物下部应采取防止油气积聚的措施；室内应采用不发生火花的地面，室内地面应高于室外地坪，其高差不应小于 0.6 m；灌装站内应设有宽度不小于 4 m 的环形消防车道，车道内缘转弯半径不宜小于 6 m；灌装站应设不燃烧材料隔离墙，如采用实体围墙，其下部应设通风口；液化石油气的残液应密闭回收，严禁就地排放；液化石油气缓冲罐与灌瓶间的距离不应小于 10 m。氢气灌瓶间的顶部应采取通风措施。液氨和液氯等的灌装间宜为敞开式建筑物。

三、仓储场所消防安全要求

根据《仓储场所消防安全管理通则》(GA 1131—2014)的主要规定。

1. 一般要求

（1）消防安全责任

仓储场所应落实逐级消防安全责任制和岗位消防安全责任制，明确逐级和岗位消防安全职责，确定各级、各岗位的消防安全责任人员。

实行承包、租赁或者委托经营、管理的仓储场所，其产权单位应提供该场所符合消防安全要求的相应证明，当事人在订立相关租赁合同时，应明确各方的消防安全责任。

（2）消防组织

储备可燃重要物资的大型仓库、基地和其他仓储场所，应根据消防法规的规定建立专职消防队、义务消防队，开展自防自救工作。

专职消防队在当地消防机构的指导下进行。专职消防队员可由本单位职工或者合同制工人担任，应符合国家规定的条件，并通过有关部门组织的专业培训。

（3）消防安全培训

仓储场所应组织或者协助有关部门对消防安全责任人、消防安全管理人、消防控制室的值班操作人员进行消防安全专门培训。消防控制室的值班操作人员应通过消防行业特有工种职业技能鉴定，持证上岗。

仓储场所在员工上岗、转岗前，应对其进行消防安全培训；对在岗人员至少每半年应进行一次消防安全教育。

属于消防安全重点单位的仓储场所应至少每半年、其他仓储场所应至少每年组织一次消防演练。消防演练应包括以下内容：

a. 根据仓储场所物品存放情况及危险程度，合理假设演练活动的火灾场景，如起火点、可燃物类型、火势蔓延情况等；

b. 按照灭火和应急疏散预案设定时职责分工和行动要求，针对假设的火灾场景进行灭火处置、物资转移、人员疏散等内容实施演练；

c. 对演练情况进行总结分析，发现存在问题，及时对灭火和应急疏散预案实施改进；

d. 做好演练记录，载明演练时间、参加人员、演练组织、实施和总结情况等内容。

（4）消防安全标志

仓储场所应设置消防安全标志，画线标明库房的墙距、垛距、主要通道、货物固定位置等，并按标准要求设置必要的防火安全标志。

2. 储存安全管理

仓储场所内不应搭建临时性的建筑物或构筑物；因装卸作业等确需搭建时，应经消防安全责任人或消防安全管理人审批同意，并明确防火责任人、落实临时防火措施，作业结束后应立即拆除。室内储存场所不应设置员工宿舍，甲、乙类物品的室内储存场所不应设办公室，其他室内储存场所确需设办公室时，其耐火等级应为一、二级，且门、窗应直通库外。甲、乙、丙类物品的室内储存场所其库房布局、储存类别及核定的最大储存量不应擅自改变。

物品入库前应有专人负责检查，确认无火种等隐患后，方准入库。库房储存物资应严格按照设计单位划定的堆装区域线和核定的存放量储存。库房内储存物品应分类、分堆、限额存放。每个堆垛的面积不应大于 150 m^2。库房内主通道的宽度不应小于 2 m。库房内需要设置货架堆放物品时，货架应采用非燃烧材料制作。货架不应遮挡消火栓、自动喷淋系统喷头以及排烟口。

室外储存应分类、分组和分堆(垛)储存，堆垛与堆垛之间的防火间距不应小于 4 m，组与组之间防火间距不应小于堆垛高度的 2 倍，且不应小于 10 m；储存区不应堆积可燃性杂物，并应控制植物、杂草生长，定期清理；室内储存物品转至室外临时储存时，应采取相应的防火措施，并尽快转为室内储存。

3. 装卸安全管理

进入仓储场所的机动车辆应符合国家规定的消防安全要求，并应经消防安全责任人或消防安全管理人批准。进入易燃、可燃物资储存场所的蒸汽机车和内燃机车应设置防火罩。蒸汽机车应关闭风箱和送风器，并不应在库区内清炉。汽车、拖拉机不应进入甲、乙、丙类物品的室内储存场所。进入甲、乙类物品室内储存场所的电瓶车、铲车应为防爆型；进入丙类物品室内储存场所的电瓶车、铲车和其他能产生火花的装卸设备应安装防止火花溅出的安全装置。车辆加油或充电应在指定的安全区域进行，该区域应与物品储存区和操作间隔开；使用液化石油气、天然气的车辆应在仓储场所外的地点加气。各种机动车辆装卸物品后，不应在仓储场所内停放和修理。

储存危险物品和易燃物资的室内储存场所，设有吊装机械设备的金属钩爪及其他操作工具的，应采用不易产生火花的金属材料制造，防止摩擦、撞击产生火花。甲、乙类物品在装卸过程中，应防止震动、撞击、重压、摩擦和倒置。操作人员应穿戴防静电的工作服、鞋帽，不应使用易产生火花的工具，对能产生静电的装卸设备应采取静电消除措施。装卸作业结束后，应对仓储场所、室内储存场所进行防火安全检查，确认安全后，作业人员方可离开。

4. 消防设施和消防器材管理

仓储场所应设置消防设施和消防器材，明确消防设施的维护管理部门、管理人员及其工作职责，建立消防设施值班、巡查、检测、维修、保养、建档等制度，确保消防设施正常运行。仓储场所设置的消防通道、安全出口、消防车通道，应设置明显标志并保持通畅，不应堆放物品或设置障碍物；仓储场所应设置明显标志划定各类消防设施所在区域，禁止圈占、埋压、挪用和关闭，并应保证该类设施有正常的操作和检修空间；灭火器不应设置在潮湿或强腐蚀的地点，确需设置时应有相应的保护措施，设置在室外时应有相应的保护措施；消火栓应有明显标志，室内消火栓箱不应上锁，箱内设备应齐全、完好；室外消火栓、水泵接合器 2 m 范围内不应设置影响其正常使用的障碍物；寒冷地区的仓储场所，冬季时应对消防水源、室内消火栓、室外消火栓等设施采取相应的防冻措施。

仓储场所禁止擅自关停消防设施。值班、巡查、检测时发现故障，应及时组织修复。因故障维修等原因需要暂时停用消防系统的，应有确保消防安全的有效措施，并经消防安全责任人或消防安全管理人批准。

仓储场所应有充足的消防水源。利用天然水源作为消防水源时，应确保枯水期的消防用水。对吸水口、吸水管等取水设备应采取防止杂物堵塞的措施。

设有消防控制室的甲、乙、丙类物品国家储备库、专业性仓库及其他大型物资仓库，宜接入城市消防远程监控系统。

附录一

危险化学品标志

FU LU YI

常用危险化学品标志由《道路运输危险货物车辆标志(GB 13392—2005)》规定。

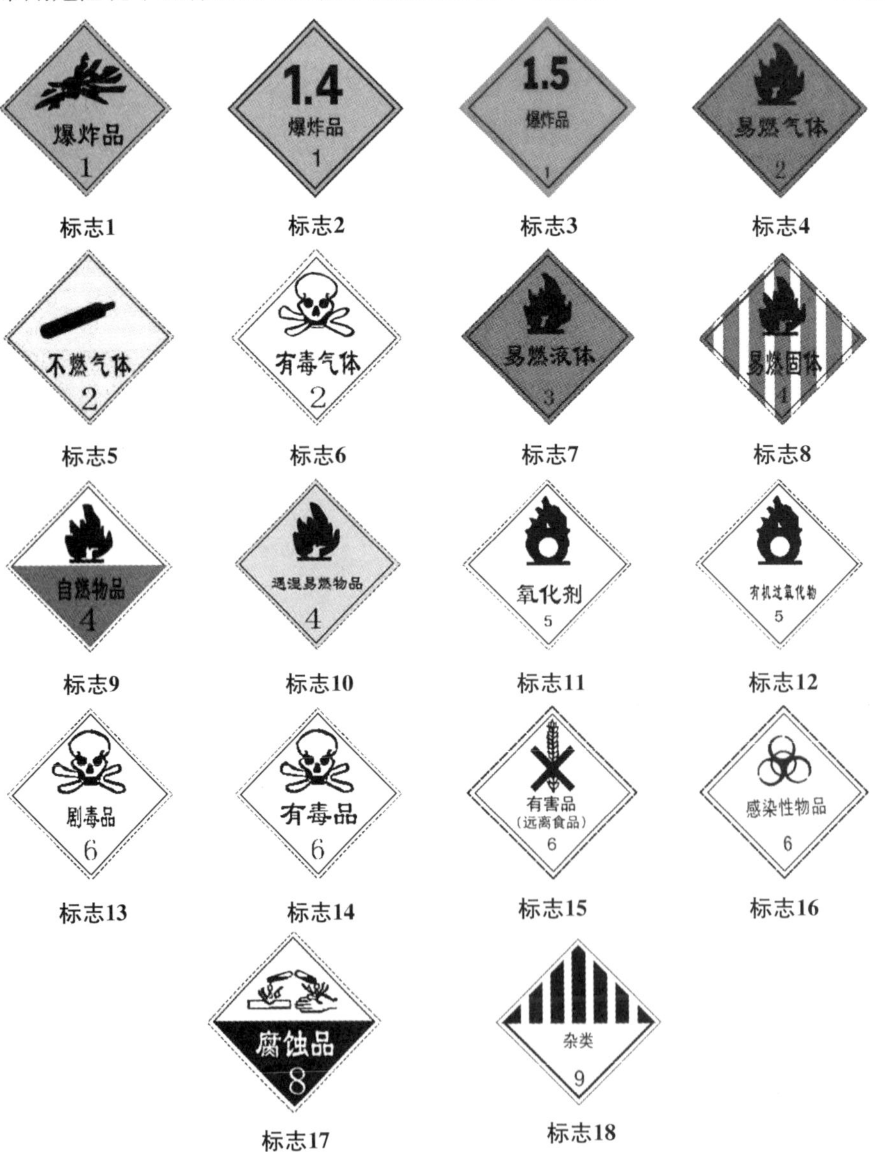

标志1 标志2 标志3 标志4

标志5 标志6 标志7 标志8

标志9 标志10 标志11 标志12

标志13 标志14 标志15 标志16

标志17 标志18

附录二

危险化学品标签格式

FU LU ER

1. 安全标签样例

化学品名称 A组分:40%;B组分:60%

极易燃液体和蒸气,食入致死,对水生生物毒性非常大

【预防措施】

- 远离热源、火花、明火、热表面。使用不产生火花的工具作业。
- 保持容器密闭。
- 采取防止静电措施,容器和接收设备接地、连接。
- 使用防爆电器、通风、照明及其他设备。
- 戴防护手套、防护眼镜、防护面罩。
- 操作后彻底清洗身体接触部位。
- 作业场所不得进食、饮水或吸烟。
- 禁止排入环境。

【事故响应】

- 如皮肤(或头发)接触:立即脱掉所有被污染的衣服。用水冲洗皮肤、淋浴。
- 食入:催吐,立即就医。
- 收集泄漏物。
- 火灾时,使用干粉、泡沫、二氧化碳灭火。

【安全储存】

- 在阴凉、通风良好处储存。
- 上锁保管。

【废弃处置】

- 本品或其容器采用焚烧法处置。

请参阅化学品安全技术说明书

供应商:××××××××××××××××××××××××× 电话:××××××

地　址:××××××××××××××××××××××××× 邮编:××××××

化学事故应急咨询电话:××××××

2. 简化标签样例

<table>
<tr><td align="center">化学品名称</td></tr>
<tr><td>

极易燃液体和蒸气，食入致死，对水生生物毒性非常大
请参阅化学品安全技术说明书
供应商：×××××××××××××××××× 电话：×××××
化学事故应急咨询电话：××××××</td></tr>
</table>

附录三

化学品安全标签与运输标志粘贴样例

FU LU SAN

1. 单一容器安全标签粘贴样例

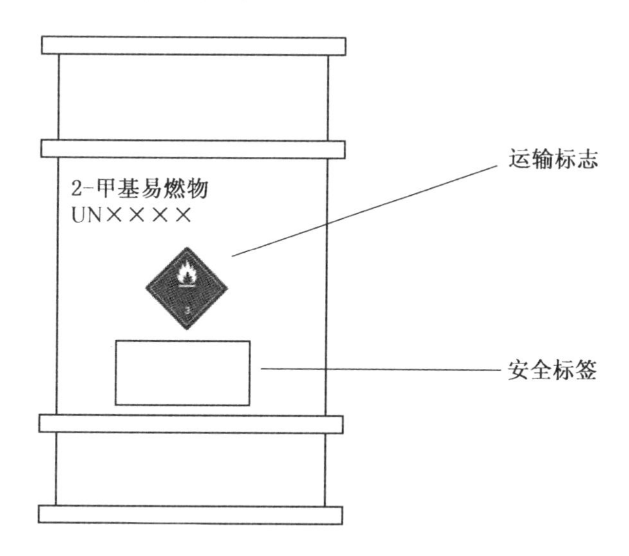

2. 组合容器安全标签粘贴样例

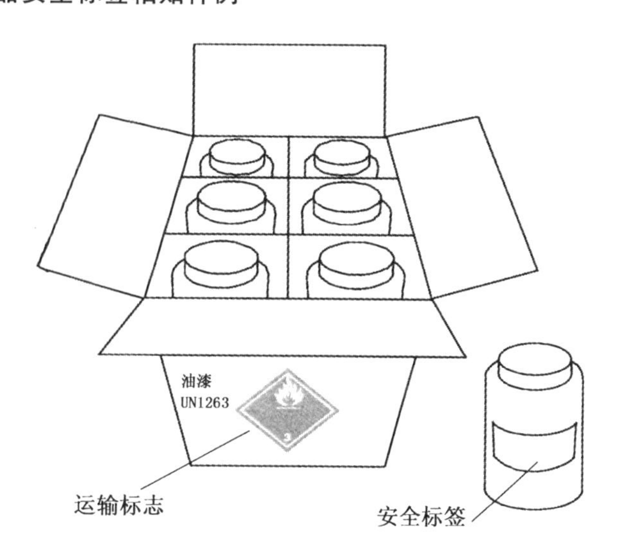

附录四

道路运输危险货物车辆标志牌悬挂位置

FU LU SI

① 低栏板车辆标志牌悬挂位置，推荐悬挂于栏板上，必要时重新布置放大号。见图1。

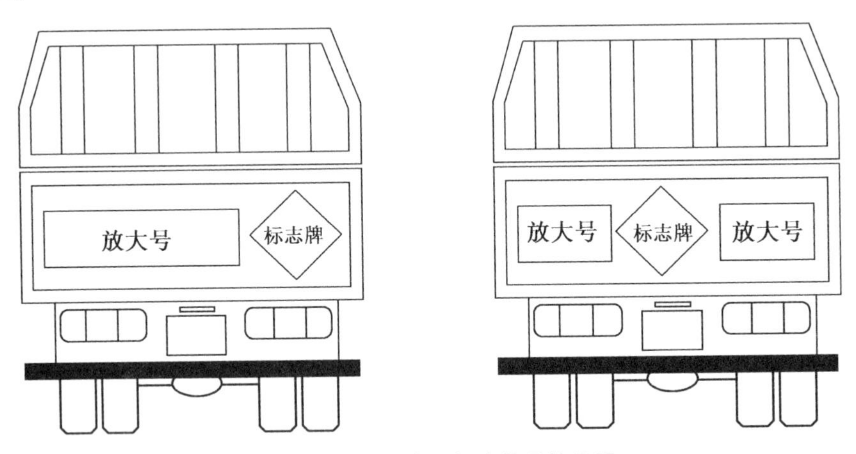

图1　低栏板式车辆标志牌悬挂位置

② 厢式车辆标志牌悬挂位置一般在车辆放大号的下方或上方，推荐首选下方；左右尽量居中。集装箱车、集装罐车、高栏板车类同。见图2。

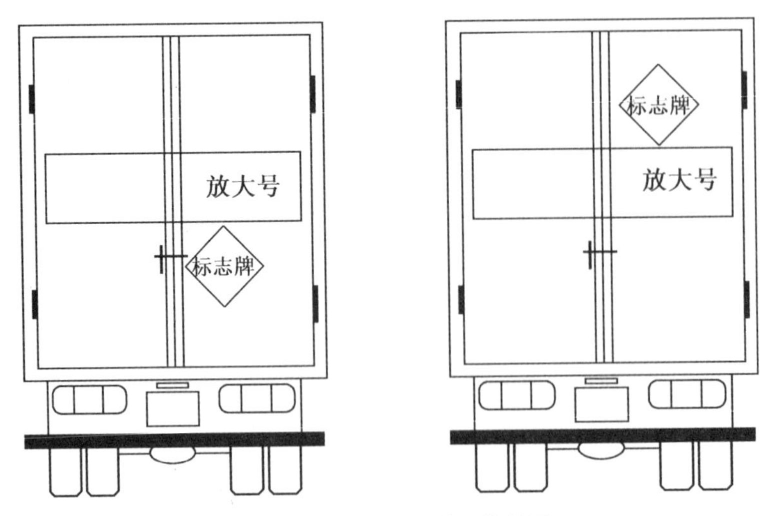

图2　厢式车辆标志牌悬挂位置

③ 罐式车辆标志牌悬挂位置一般在车辆放大号下方或上方，推荐首选下方；左右尽量居中。见图 3。

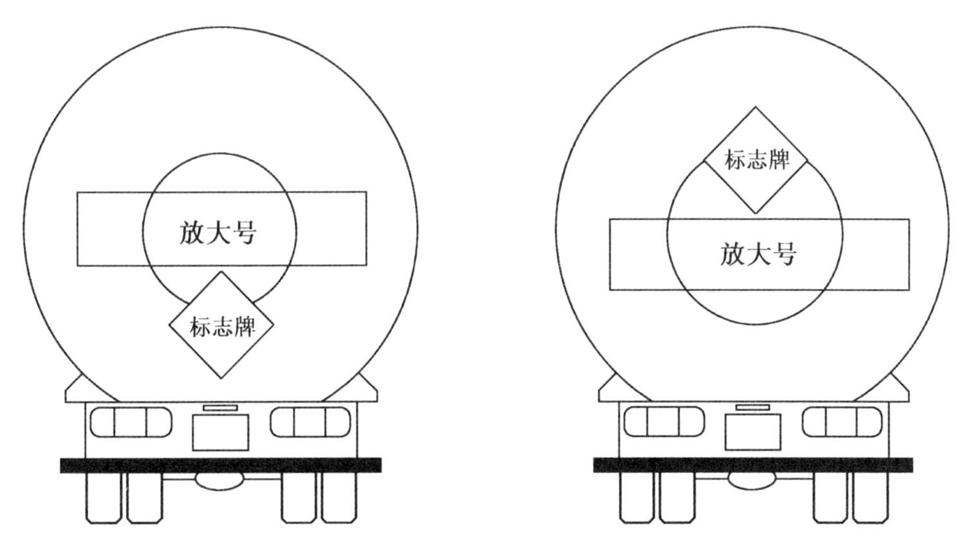

图 3　罐式车辆标志牌悬挂位置

④ 运输爆炸、剧毒危险货物的车辆，在车辆两侧面厢板各增加悬挂一块标志牌，悬挂位置一般居中。见图 4。

图 4　标志牌侧面悬挂位置

附录五

危险化学品安全管理条例

FU LU WU

（2002 年 1 月 26 日中华人民共和国国务院令第 344 号公布　2011 年 2 月 16 日国务院第 144 次常务会议修订通过　根据 2013 年 12 月 7 日《国务院关于修改部分行政法规的决定》修订）

第一章　总　则

第一条　为了加强危险化学品的安全管理，预防和减少危险化学品事故，保障人民群众生命财产安全，保护环境，制定本条例。

第二条　危险化学品生产、储存、使用、经营和运输的安全管理，适用本条例。

废弃危险化学品的处置，依照有关环境保护的法律、行政法规和国家有关规定执行。

第三条　本条例所称危险化学品，是指具有毒害、腐蚀、爆炸、燃烧、助燃等性质，对人体、设施、环境具有危害的剧毒化学品和其他化学品。

危险化学品目录，由国务院安全生产监督管理部门会同国务院工业和信息化、公安、环境保护、卫生、质量监督检验检疫、交通运输、铁路、民用航空、农业主管部门，根据化学品危险特性的鉴别和分类标准确定、公布，并适时调整。

第四条　危险化学品安全管理，应当坚持安全第一、预防为主、综合治理的方针，强化和落实企业的主体责任。

生产、储存、使用、经营、运输危险化学品的单位（以下统称危险化学品单位）的主要负责人对本单位的危险化学品安全管理工作全面负责。

危险化学品单位应当具备法律、行政法规规定和国家标准、行业标准要求的安全条件，建立、健全安全管理规章制度和岗位安全责任制度，对从业人员进行安全教育、法制教育和岗位技术培训。从业人员应当接受教育和培训，考核合格后上岗作业；对有资格要求的岗位，应当配备依法取得相应资格的人员。

第五条　任何单位和个人不得生产、经营、使用国家禁止生产、经营、使用的危险化学品。

国家对危险化学品的使用有限制性规定的，任何单位和个人不得违反限制性规定使用危险化学品。

第六条　对危险化学品的生产、储存、使用、经营、运输实施安全监督管理的有关部门(以下统称负有危险化学品安全监督管理职责的部门),依照下列规定履行职责:

(一)安全生产监督管理部门负责危险化学品安全监督管理综合工作,组织确定、公布、调整危险化学品目录,对新建、改建、扩建生产、储存危险化学品(包括使用长输管道输送危险化学品,下同)的建设项目进行安全条件审查,核发危险化学品安全生产许可证、危险化学品安全使用许可证和危险化学品经营许可证,并负责危险化学品登记工作。

(二)公安机关负责危险化学品的公共安全管理,核发剧毒化学品购买许可证、剧毒化学品道路运输通行证,并负责危险化学品运输车辆的道路交通安全管理。

(三)质量监督检验检疫部门负责核发危险化学品及其包装物、容器(不包括储存危险化学品的固定式大型储罐,下同)生产企业的工业产品生产许可证,并依法对其产品质量实施监督,负责对进出口危险化学品及其包装实施检验。

(四)环境保护主管部门负责废弃危险化学品处置的监督管理,组织危险化学品的环境危害性鉴定和环境风险程度评估,确定实施重点环境管理的危险化学品,负责危险化学品环境管理登记和新化学物质环境管理登记;依照职责分工调查相关危险化学品环境污染事故和生态破坏事件,负责危险化学品事故现场的应急环境监测。

(五)交通运输主管部门负责危险化学品道路运输、水路运输的许可以及运输工具的安全管理,对危险化学品水路运输安全实施监督,负责危险化学品道路运输企业、水路运输企业驾驶人员、船员、装卸管理人员、押运人员、申报人员、集装箱装箱现场检查员的资格认定。铁路监管部门负责危险化学品铁路运输及其运输工具的安全管理。民用航空主管部门负责危险化学品航空运输以及航空运输企业及其运输工具的安全管理。

(六)卫生主管部门负责危险化学品毒性鉴定的管理,负责组织、协调危险化学品事故受伤人员的医疗卫生救援工作。

(七)工商行政管理部门依据有关部门的许可证件,核发危险化学品生产、储存、经营、运输企业营业执照,查处危险化学品经营企业违法采购危险化学品的行为。

(八)邮政管理部门负责依法查处寄递危险化学品的行为。

第七条　负有危险化学品安全监督管理职责的部门依法进行监督检查,可以采取下列措施:

(一)进入危险化学品作业场所实施现场检查,向有关单位和人员了解情况,查阅、复制有关文件、资料;

(二)发现危险化学品事故隐患,责令立即消除或者限期消除;

(三)对不符合法律、行政法规、规章规定或者国家标准、行业标准要求的设施、设备、装置、器材、运输工具,责令立即停止使用;

(四)经本部门主要负责人批准,查封违法生产、储存、使用、经营危险化学品的场所,扣押违法生产、储存、使用、经营、运输的危险化学品以及用于违法生产、使用、运输危险化学品的原材料、设备、运输工具;

（五）发现影响危险化学品安全的违法行为，当场予以纠正或者责令限期改正。

负有危险化学品安全监督管理职责的部门依法进行监督检查，监督检查人员不得少于2人，并应当出示执法证件；有关单位和个人对依法进行的监督检查应当予以配合，不得拒绝、阻碍。

第八条　县级以上人民政府应当建立危险化学品安全监督管理工作协调机制，支持、督促负有危险化学品安全监督管理职责的部门依法履行职责，协调、解决危险化学品安全监督管理工作中的重大问题。

负有危险化学品安全监督管理职责的部门应当相互配合、密切协作，依法加强对危险化学品的安全监督管理。

第九条　任何单位和个人对违反本条例规定的行为，有权向负有危险化学品安全监督管理职责的部门举报。负有危险化学品安全监督管理职责的部门接到举报，应当及时依法处理；对不属于本部门职责的，应当及时移送有关部门处理。

第十条　国家鼓励危险化学品生产企业和使用危险化学品从事生产的企业采用有利于提高安全保障水平的先进技术、工艺、设备以及自动控制系统，鼓励对危险化学品实行专门储存、统一配送、集中销售。

第二章　生产、储存安全

第十一条　国家对危险化学品的生产、储存实行统筹规划、合理布局。

国务院工业和信息化主管部门以及国务院其他有关部门依据各自职责，负责危险化学品生产、储存的行业规划和布局。

地方人民政府组织编制城乡规划，应当根据本地区的实际情况，按照确保安全的原则，规划适当区域专门用于危险化学品的生产、储存。

第十二条　新建、改建、扩建生产、储存危险化学品的建设项目（以下简称建设项目），应当由安全生产监督管理部门进行安全条件审查。

建设单位应当对建设项目进行安全条件论证，委托具备国家规定的资质条件的机构对建设项目进行安全评价，并将安全条件论证和安全评价的情况报告报建设项目所在地设区的市级以上人民政府安全生产监督管理部门；安全生产监督管理部门应当自收到报告之日起45日内做出审查决定，并书面通知建设单位。具体办法由国务院安全生产监督管理部门制定。

新建、改建、扩建储存、装卸危险化学品的港口建设项目，由港口行政管理部门按照国务院交通运输主管部门的规定进行安全条件审查。

第十三条　生产、储存危险化学品的单位，应当对其铺设的危险化学品管道设置明显标志，并对危险化学品管道定期检查、检测。

进行可能危及危险化学品管道安全的施工作业，施工单位应当在开工的7日前书面通知管道所属单位，并与管道所属单位共同制定应急预案，采取相应的安全防护措施。管道所属单位应当指派专门人员到现场进行管道安全保护指导。

第十四条　危险化学品生产企业进行生产前，应当依照《安全生产许可证条例》

的规定，取得危险化学品安全生产许可证。

生产列入国家实行生产许可证制度的工业产品目录的危险化学品的企业，应当依照《中华人民共和国工业产品生产许可证管理条例》的规定，取得工业产品生产许可证。

负责颁发危险化学品安全生产许可证、工业产品生产许可证的部门，应当将其颁发许可证的情况及时向同级工业和信息化主管部门、环境保护主管部门和公安机关通报。

第十五条　危险化学品生产企业应当提供与其生产的危险化学品相符的化学品安全技术说明书，并在危险化学品包装（包括外包装件）上粘贴或者拴挂与包装内危险化学品相符的化学品安全标签。化学品安全技术说明书和化学品安全标签所载明的内容应当符合国家标准的要求。

危险化学品生产企业发现其生产的危险化学品有新的危险特性的，应当立即公告，并及时修订其化学品安全技术说明书和化学品安全标签。

第十六条　生产实施重点环境管理的危险化学品的企业，应当按照国务院环境保护主管部门的规定，将该危险化学品向环境中释放等相关信息向环境保护主管部门报告。环境保护主管部门可以根据情况采取相应的环境风险控制措施。

第十七条　危险化学品的包装应当符合法律、行政法规、规章的规定以及国家标准、行业标准的要求。

危险化学品包装物、容器的材质以及危险化学品包装的型式、规格、方法和单件质量（重量），应当与所包装的危险化学品的性质和用途相适应。

第十八条　生产列入国家实行生产许可证制度的工业产品目录的危险化学品包装物、容器的企业，应当依照《中华人民共和国工业产品生产许可证管理条例》的规定，取得工业产品生产许可证；其生产的危险化学品包装物、容器经国务院质量监督检验检疫部门认定的检验机构检验合格，方可出厂销售。

运输危险化学品的船舶及其配载的容器，应当按照国家船舶检验规范进行生产，并经海事管理机构认定的船舶检验机构检验合格，方可投入使用。

对重复使用的危险化学品包装物、容器，使用单位在重复使用前应当进行检查；发现存在安全隐患的，应当维修或者更换。使用单位应当对检查情况做出记录，记录的保存期限不得少于2年。

第十九条　危险化学品生产装置或者储存数量构成重大危险源的危险化学品储存设施（运输工具加油站、加气站除外），与下列场所、设施、区域的距离应当符合国家有关规定：

（一）居住区以及商业中心、公园等人员密集场所；

（二）学校、医院、影剧院、体育场（馆）等公共设施；

（三）饮用水源、水厂以及水源保护区；

（四）车站、码头（依法经许可从事危险化学品装卸作业的除外）、机场以及通信干线、通信枢纽、铁路线路、道路交通干线、水路交通干线、地铁风亭以及地铁站出入口；

（五）基本农田保护区、基本草原、畜禽遗传资源保护区、畜禽规模化养殖场（养殖小区）、渔业水域以及种子、种畜禽、水产苗种生产基地；

（六）河流、湖泊、风景名胜区、自然保护区；

（七）军事禁区、军事管理区；

（八）法律、行政法规规定的其他场所、设施、区域。

已建的危险化学品生产装置或者储存数量构成重大危险源的危险化学品储存设施不符合前款规定的，由所在地设区的市级人民政府安全生产监督管理部门会同有关部门监督其所属单位在规定期限内进行整改；需要转产、停产、搬迁、关闭的，由本级人民政府决定并组织实施。

储存数量构成重大危险源的危险化学品储存设施的选址，应当避开地震活动断层和容易发生洪灾、地质灾害的区域。

本条例所称重大危险源，是指生产、储存、使用或者搬运危险化学品，且危险化学品的数量等于或者超过临界量的单元（包括场所和设施）。

第二十条　生产、储存危险化学品的单位，应当根据其生产、储存的危险化学品的种类和危险特性，在作业场所设置相应的监测、监控、通风、防晒、调温、防火、灭火、防爆、泄压、防毒、中和、防潮、防雷、防静电、防腐、防泄漏以及防护围堤或者隔离操作等安全设施、设备，并按照国家标准、行业标准或者国家有关规定对安全设施、设备进行经常性维护、保养，保证安全设施、设备的正常使用。

生产、储存危险化学品的单位，应当在其作业场所和安全设施、设备上设置明显的安全警示标志。

第二十一条　生产、储存危险化学品的单位，应当在其作业场所设置通信、报警装置，并保证处于适用状态。

第二十二条　生产、储存危险化学品的企业，应当委托具备国家规定的资质条件的机构，对本企业的安全生产条件每3年进行一次安全评价，提出安全评价报告。安全评价报告的内容应当包括对安全生产条件存在的问题进行整改的方案。

生产、储存危险化学品的企业，应当将安全评价报告以及整改方案的落实情况报所在地县级人民政府安全生产监督管理部门备案。在港区内储存危险化学品的企业，应当将安全评价报告以及整改方案的落实情况报港口行政管理部门备案。

第二十三条　生产、储存剧毒化学品或者国务院公安部门规定的可用于制造爆炸物品的危险化学品（以下简称易制爆危险化学品）的单位，应当如实记录其生产、储存的剧毒化学品、易制爆危险化学品的数量、流向，并采取必要的安全防范措施，防止剧毒化学品、易制爆危险化学品丢失或者被盗；发现剧毒化学品、易制爆危险化学品丢失或者被盗的，应当立即向当地公安机关报告。

生产、储存剧毒化学品、易制爆危险化学品的单位，应当设置治安保卫机构，配备专职治安保卫人员。

第二十四条　危险化学品应当储存在专用仓库、专用场地或者专用储存室（以下

统称专用仓库)内,并由专人负责管理;剧毒化学品以及储存数量构成重大危险源的其他危险化学品,应当在专用仓库内单独存放,并实行双人收发、双人保管制度。

危险化学品的储存方式、方法以及储存数量应当符合国家标准或者国家有关规定。

第二十五条　储存危险化学品的单位应当建立危险化学品出入库核查、登记制度。

对剧毒化学品以及储存数量构成重大危险源的其他危险化学品,储存单位应当将其储存数量、储存地点以及管理人员的情况,报所在地县级人民政府安全生产监督管理部门(在港区内储存的,报港口行政管理部门)和公安机关备案。

第二十六条　危险化学品专用仓库应当符合国家标准、行业标准的要求,并设置明显的标志。储存剧毒化学品、易制爆危险化学品的专用仓库,应当按照国家有关规定设置相应的技术防范设施。

储存危险化学品的单位应当对其危险化学品专用仓库的安全设施、设备定期进行检测、检验。

第二十七条　生产、储存危险化学品的单位转产、停产、停业或者解散的,应当采取有效措施,及时、妥善处置其危险化学品生产装置、储存设施以及库存的危险化学品,不得丢弃危险化学品;处置方案应当报所在地县级人民政府安全生产监督管理部门、工业和信息化主管部门、环境保护主管部门和公安机关备案。安全生产监督管理部门应当会同环境保护主管部门和公安机关对处置情况进行监督检查,发现未依照规定处置的,应当责令其立即处置。

第三章　使用安全

第二十八条　使用危险化学品的单位,其使用条件(包括工艺)应当符合法律、行政法规的规定和国家标准、行业标准的要求,并根据所使用的危险化学品的种类、危险特性以及使用量和使用方式,建立、健全使用危险化学品的安全管理规章制度和安全操作规程,保证危险化学品的安全使用。

第二十九条　使用危险化学品从事生产并且使用量达到规定数量的化工企业(属于危险化学品生产企业的除外,下同),应当依照本条例的规定取得危险化学品安全使用许可证。

前款规定的危险化学品使用量的数量标准,由国务院安全生产监督管理部门会同国务院公安部门、农业主管部门确定并公布。

第三十条　申请危险化学品安全使用许可证的化工企业除应当符合本条例第二十八条的规定外,还应当具备下列条件:

(一) 有与所使用的危险化学品相适应的专业技术人员;

(二) 有安全管理机构和专职安全管理人员;

(三) 有符合国家规定的危险化学品事故应急预案和必要的应急救援器材、设备;

（四）依法进行了安全评价。

第三十一条　申请危险化学品安全使用许可证的化工企业，应当向所在地设区的市级人民政府安全生产监督管理部门提出申请，并提交其符合本条例第三十条规定条件的证明材料。设区的市级人民政府安全生产监督管理部门应当依法进行审查，自收到证明材料之日起45日内做出批准或者不予批准的决定。予以批准的，颁发危险化学品安全使用许可证；不予批准的，书面通知申请人并说明理由。

安全生产监督管理部门应当将其颁发危险化学品安全使用许可证的情况及时向同级环境保护主管部门和公安机关通报。

第三十二条　本条例第十六条关于生产实施重点环境管理的危险化学品的企业的规定，适用于使用实施重点环境管理的危险化学品从事生产的企业；第二十条、第二十一条、第二十三条第一款、第二十七条关于生产、储存危险化学品的单位的规定，适用于使用危险化学品的单位；第二十二条关于生产、储存危险化学品的企业的规定，适用于使用危险化学品从事生产的企业。

第四章　经营安全

第三十三条　国家对危险化学品经营（包括仓储经营，下同）实行许可制度。未经许可，任何单位和个人不得经营危险化学品。

依法设立的危险化学品生产企业在其厂区范围内销售本企业生产的危险化学品，不需要取得危险化学品经营许可。

依照《中华人民共和国港口法》的规定取得港口经营许可证的港口经营人，在港区内从事危险化学品仓储经营，不需要取得危险化学品经营许可。

第三十四条　从事危险化学品经营的企业应当具备下列条件：

（一）有符合国家标准、行业标准的经营场所，储存危险化学品的，还应当有符合国家标准、行业标准的储存设施；

（二）从业人员经过专业技术培训并经考核合格；

（三）有健全的安全管理规章制度；

（四）有专职安全管理人员；

（五）有符合国家规定的危险化学品事故应急预案和必要的应急救援器材、设备；

（六）法律、法规规定的其他条件。

第三十五条　从事剧毒化学品、易制爆危险化学品经营的企业，应当向所在地设区的市级人民政府安全生产监督管理部门提出申请，从事其他危险化学品经营的企业，应当向所在地县级人民政府安全生产监督管理部门提出申请（有储存设施的，应当向所在地设区的市级人民政府安全生产监督管理部门提出申请）。申请人应当提交其符合本条例第三十四条规定条件的证明材料。设区的市级人民政府安全生产监督管理部门或者县级人民政府安全生产监督管理部门应当依法进行审查，并对申请人的经营场所、储存设施进行现场核查，自收到证明材料之日起30日内做出批准或

者不予批准的决定。予以批准的，颁发危险化学品经营许可证；不予批准的，书面通知申请人并说明理由。

设区的市级人民政府安全生产监督管理部门和县级人民政府安全生产监督管理部门应当将其颁发危险化学品经营许可证的情况及时向同级环境保护主管部门和公安机关通报。

申请人持危险化学品经营许可证向工商行政管理部门办理登记手续后，方可从事危险化学品经营活动。法律、行政法规或者国务院规定经营危险化学品还需要经其他有关部门许可的，申请人向工商行政管理部门办理登记手续时还应当持相应的许可证件。

第三十六条　危险化学品经营企业储存危险化学品的，应当遵守本条例第二章关于储存危险化学品的规定。危险化学品商店内只能存放民用小包装的危险化学品。

第三十七条　危险化学品经营企业不得向未经许可从事危险化学品生产、经营活动的企业采购危险化学品，不得经营没有化学品安全技术说明书或者化学品安全标签的危险化学品。

第三十八条　依法取得危险化学品安全生产许可证、危险化学品安全使用许可证、危险化学品经营许可证的企业，凭相应的许可证件购买剧毒化学品、易制爆危险化学品。民用爆炸物品生产企业凭民用爆炸物品生产许可证购买易制爆危险化学品。

前款规定以外的单位购买剧毒化学品的，应当向所在地县级人民政府公安机关申请取得剧毒化学品购买许可证；购买易制爆危险化学品的，应当持本单位出具的合法用途说明。

个人不得购买剧毒化学品(属于剧毒化学品的农药除外)和易制爆危险化学品。

第三十九条　申请取得剧毒化学品购买许可证，申请人应当向所在地县级人民政府公安机关提交下列材料：

(一) 营业执照或者法人证书(登记证书)的复印件；

(二) 拟购买的剧毒化学品品种、数量的说明；

(三) 购买剧毒化学品用途的说明；

(四) 经办人的身份证明。

县级人民政府公安机关应当自收到前款规定的材料之日起 3 日内，做出批准或者不予批准的决定。予以批准的，颁发剧毒化学品购买许可证；不予批准的，书面通知申请人并说明理由。

剧毒化学品购买许可证管理办法由国务院公安部门制定。

第四十条　危险化学品生产企业、经营企业销售剧毒化学品、易制爆危险化学品，应当查验本条例第三十八条第一款、第二款规定的相关许可证件或者证明文件，不得向不具有相关许可证件或者证明文件的单位销售剧毒化学品、易制爆危险化学品。对持剧毒化学品购买许可证购买剧毒化学品的，应当按照许可证载明的品种、数量销售。

禁止向个人销售剧毒化学品(属于剧毒化学品的农药除外)和易制爆危险化学品。

第四十一条　危险化学品生产企业、经营企业销售剧毒化学品、易制爆危险化学品,应当如实记录购买单位的名称、地址、经办人的姓名、身份证号码以及所购买的剧毒化学品、易制爆危险化学品的品种、数量、用途。销售记录以及经办人的身份证明复印件、相关许可证件复印件或者证明文件的保存期限不得少于1年。

剧毒化学品、易制爆危险化学品的销售企业、购买单位应当在销售、购买后5日内,将所销售、购买的剧毒化学品、易制爆危险化学品的品种、数量以及流向信息报所在地县级人民政府公安机关备案,并输入计算机系统。

第四十二条　使用剧毒化学品、易制爆危险化学品的单位不得出借、转让其购买的剧毒化学品、易制爆危险化学品;因转产、停产、搬迁、关闭等确需转让的,应当向具有本条例第三十八条第一款、第二款规定的相关许可证件或者证明文件的单位转让,并在转让后将有关情况及时向所在地县级人民政府公安机关报告。

第五章　运输安全

第四十三条　从事危险化学品道路运输、水路运输的,应当分别依照有关道路运输、水路运输的法律、行政法规的规定,取得危险货物道路运输许可、危险货物水路运输许可,并向工商行政管理部门办理登记手续。

危险化学品道路运输企业、水路运输企业应当配备专职安全管理人员。

第四十四条　危险化学品道路运输企业、水路运输企业的驾驶人员、船员、装卸管理人员、押运人员、申报人员、集装箱装箱现场检查员应当经交通运输主管部门考核合格,取得从业资格。具体办法由国务院交通运输主管部门制定。

危险化学品的装卸作业应当遵守安全作业标准、规程和制度,并在装卸管理人员的现场指挥或者监控下进行。水路运输危险化学品的集装箱装箱作业应当在集装箱装箱现场检查员的指挥或者监控下进行,并符合积载、隔离的规范和要求;装箱作业完毕后,集装箱装箱现场检查员应当签署装箱证明书。

第四十五条　运输危险化学品,应当根据危险化学品的危险特性采取相应的安全防护措施,并配备必要的防护用品和应急救援器材。

用于运输危险化学品的槽罐以及其他容器应当封口严密,能够防止危险化学品在运输过程中因温度、湿度或者压力的变化发生渗漏、洒漏;槽罐以及其他容器的溢流和泄压装置应当设置准确、起闭灵活。

运输危险化学品的驾驶人员、船员、装卸管理人员、押运人员、申报人员、集装箱装箱现场检查员,应当了解所运输的危险化学品的危险特性及其包装物、容器的使用要求和出现危险情况时的应急处置方法。

第四十六条　通过道路运输危险化学品的,托运人应当委托依法取得危险货物道路运输许可的企业承运。

第四十七条　通过道路运输危险化学品的，应当按照运输车辆的核定载质量装载危险化学品，不得超载。

危险化学品运输车辆应当符合国家标准要求的安全技术条件，并按照国家有关规定定期进行安全技术检验。

危险化学品运输车辆应当悬挂或者喷涂符合国家标准要求的警示标志。

第四十八条　通过道路运输危险化学品的，应当配备押运人员，并保证所运输的危险化学品处于押运人员的监控之下。

运输危险化学品途中因住宿或者发生影响正常运输的情况，需要较长时间停车的，驾驶人员、押运人员应当采取相应的安全防范措施；运输剧毒化学品或者易制爆危险化学品的，还应当向当地公安机关报告。

第四十九条　未经公安机关批准，运输危险化学品的车辆不得进入危险化学品运输车辆限制通行的区域。危险化学品运输车辆限制通行的区域由县级人民政府公安机关划定，并设置明显的标志。

第五十条　通过道路运输剧毒化学品的，托运人应当向运输始发地或者目的地县级人民政府公安机关申请剧毒化学品道路运输通行证。

申请剧毒化学品道路运输通行证，托运人应当向县级人民政府公安机关提交下列材料：

（一）拟运输的剧毒化学品品种、数量的说明；

（二）运输始发地、目的地、运输时间和运输路线的说明；

（三）承运人取得危险货物道路运输许可、运输车辆取得营运证以及驾驶人员、押运人员取得上岗资格的证明文件；

（四）本条例第三十八条第一款、第二款规定的购买剧毒化学品的相关许可证件，或者海关出具的进出口证明文件。

县级人民政府公安机关应当自收到前款规定的材料之日起 7 日内，做出批准或者不予批准的决定。予以批准的，颁发剧毒化学品道路运输通行证；不予批准的，书面通知申请人并说明理由。

剧毒化学品道路运输通行证管理办法由国务院公安部门制定。

第五十一条　剧毒化学品、易制爆危险化学品在道路运输途中丢失、被盗、被抢或者出现流散、泄漏等情况的，驾驶人员、押运人员应当立即采取相应的警示措施和安全措施，并向当地公安机关报告。公安机关接到报告后，应当根据实际情况立即向安全生产监督管理部门、环境保护主管部门、卫生主管部门通报。有关部门应当采取必要的应急处置措施。

第五十二条　通过水路运输危险化学品的，应当遵守法律、行政法规以及国务院交通运输主管部门关于危险货物水路运输安全的规定。

第五十三条　海事管理机构应当根据危险化学品的种类和危险特性，确定船舶运输危险化学品的相关安全运输条件。

拟交付船舶运输的化学品的相关安全运输条件不明确的，货物所有人或者代理人应当委托相关技术机构进行评估，明确相关安全运输条件并经海事管理机构确认后，方可交付船舶运输。

第五十四条　禁止通过内河封闭水域运输剧毒化学品以及国家规定禁止通过内河运输的其他危险化学品。

前款规定以外的内河水域，禁止运输国家规定禁止通过内河运输的剧毒化学品以及其他危险化学品。

禁止通过内河运输的剧毒化学品以及其他危险化学品的范围，由国务院交通运输主管部门会同国务院环境保护主管部门、工业和信息化主管部门、安全生产监督管理部门，根据危险化学品的危险特性、危险化学品对人体和水环境的危害程度以及消除危害后果的难易程度等因素规定并公布。

第五十五条　国务院交通运输主管部门应当根据危险化学品的危险特性，对通过内河运输本条例第五十四条规定以外的危险化学品（以下简称通过内河运输危险化学品）实行分类管理，对各类危险化学品的运输方式、包装规范和安全防护措施等分别作出规定并监督实施。

第五十六条　通过内河运输危险化学品，应当由依法取得危险货物水路运输许可的水路运输企业承运，其他单位和个人不得承运。托运人应当委托依法取得危险货物水路运输许可的水路运输企业承运，不得委托其他单位和个人承运。

第五十七条　通过内河运输危险化学品，应当使用依法取得危险货物适装证书的运输船舶。水路运输企业应当针对所运输的危险化学品的危险特性，制定运输船舶危险化学品事故应急救援预案，并为运输船舶配备充足、有效的应急救援器材和设备。

通过内河运输危险化学品的船舶，其所有人或者经营人应当取得船舶污染损害责任保险证书或者财务担保证明。船舶污染损害责任保险证书或者财务担保证明的副本应当随船携带。

第五十八条　通过内河运输危险化学品，危险化学品包装物的材质、型式、强度以及包装方法应当符合水路运输危险化学品包装规范的要求。国务院交通运输主管部门对单船运输的危险化学品数量有限制性规定的，承运人应当按照规定安排运输数量。

第五十九条　用于危险化学品运输作业的内河码头、泊位应当符合国家有关安全规范，与饮用水取水口保持国家规定的距离。有关管理单位应当制定码头、泊位危险化学品事故应急预案，并为码头、泊位配备充足、有效的应急救援器材和设备。

用于危险化学品运输作业的内河码头、泊位，经交通运输主管部门按照国家有关规定验收合格后方可投入使用。

第六十条　船舶载运危险化学品进出内河港口，应当将危险化学品的名称、危险特性、包装以及进出港时间等事项，事先报告海事管理机构。海事管理机构接到报告后，应当在国务院交通运输主管部门规定的时间内做出是否同意的决定，通知报告人，同时通报港口行政管理部门。定船舶、定航线、定货种的船舶可以定期报告。

在内河港口内进行危险化学品的装卸、过驳作业，应当将危险化学品的名称、危险特性、包装和作业的时间、地点等事项报告港口行政管理部门。港口行政管理部门接到报告后，应当在国务院交通运输主管部门规定的时间内做出是否同意的决定，通知报告人，同时通报海事管理机构。

载运危险化学品的船舶在内河航行，通过过船建筑物的，应当提前向交通运输主管部门申报，并接受交通运输主管部门的管理。

第六十一条　载运危险化学品的船舶在内河航行、装卸或者停泊，应当悬挂专用的警示标志，按照规定显示专用信号。

载运危险化学品的船舶在内河航行，按照国务院交通运输主管部门的规定需要引航的，应当申请引航。

第六十二条　载运危险化学品的船舶在内河航行，应当遵守法律、行政法规和国家其他有关饮用水水源保护的规定。内河航道发展规划应当与依法经批准的饮用水水源保护区划定方案相协调。

第六十三条　托运危险化学品的，托运人应当向承运人说明所托运的危险化学品的种类、数量、危险特性以及发生危险情况的应急处置措施，并按照国家有关规定对所托运的危险化学品妥善包装，在外包装上设置相应的标志。

运输危险化学品需要添加抑制剂或者稳定剂的，托运人应当添加，并将有关情况告知承运人。

第六十四条　托运人不得在托运的普通货物中夹带危险化学品，不得将危险化学品匿报或者谎报为普通货物托运。

任何单位和个人不得交寄危险化学品或者在邮件、快件内夹带危险化学品，不得将危险化学品匿报或者谎报为普通物品交寄。邮政企业、快递企业不得收寄危险化学品。

对涉嫌违反本条第一款、第二款规定的，交通运输主管部门、邮政管理部门可以依法开拆查验。

第六十五条　通过铁路、航空运输危险化学品的安全管理，依照有关铁路、航空运输的法律、行政法规、规章的规定执行。

第六章　危险化学品登记与事故应急救援

第六十六条　国家实行危险化学品登记制度，为危险化学品安全管理以及危险化学品事故预防和应急救援提供技术、信息支持。

第六十七条　危险化学品生产企业、进口企业，应当向国务院安全生产监督管理部门负责危险化学品登记的机构（以下简称危险化学品登记机构）办理危险化学品登记。

危险化学品登记包括下列内容：

（一）分类和标签信息；

（二）物理、化学性质；

（三）主要用途；

（四）危险特性；

（五）储存、使用、运输的安全要求；

（六）出现危险情况的应急处置措施。

对同一企业生产、进口的同一品种的危险化学品，不进行重复登记。危险化学品生产企业、进口企业发现其生产、进口的危险化学品有新的危险特性的，应当及时向危险化学品登记机构办理登记内容变更手续。

危险化学品登记的具体办法由国务院安全生产监督管理部门制定。

第六十八条　危险化学品登记机构应当定期向工业和信息化、环境保护、公安、卫生、交通运输、铁路、质量监督检验检疫等部门提供危险化学品登记的有关信息和资料。

第六十九条　县级以上地方人民政府安全生产监督管理部门应当会同工业和信息化、环境保护、公安、卫生、交通运输、铁路、质量监督检验检疫等部门，根据本地区实际情况，制定危险化学品事故应急预案，报本级人民政府批准。

第七十条　危险化学品单位应当制定本单位危险化学品事故应急预案，配备应急救援人员和必要的应急救援器材、设备，并定期组织应急救援演练。

危险化学品单位应当将其危险化学品事故应急预案报所在地设区的市级人民政府安全生产监督管理部门备案。

第七十一条　发生危险化学品事故，事故单位主要负责人应当立即按照本单位危险化学品应急预案组织救援，并向当地安全生产监督管理部门和环境保护、公安、卫生主管部门报告；

道路运输、水路运输过程中发生危险化学品事故的，驾驶人员、船员或者押运人员还应当向事故发生地交通运输主管部门报告。

第七十二条　发生危险化学品事故，有关地方人民政府应当立即组织安全生产监督管理、环境保护、公安、卫生、交通运输等有关部门，按照本地区危险化学品事故应急预案组织实施救援，不得拖延、推诿。

有关地方人民政府及其有关部门应当按照下列规定，采取必要的应急处置措施，减少事故损失，防止事故蔓延、扩大：

（一）立即组织营救和救治受害人员，疏散、撤离或者采取其他措施保护危害区域内的其他人员；

（二）迅速控制危害源，测定危险化学品的性质、事故的危害区域及危害程度；

（三）针对事故对人体、动植物、土壤、水源、大气造成的现实危害和可能产生的危害，迅速采取封闭、隔离、洗消等措施；

（四）对危险化学品事故造成的环境污染和生态破坏状况进行监测、评估，并采取相应的环境污染治理和生态修复措施。

第七十三条　有关危险化学品单位应当为危险化学品事故应急救援提供技术指导和必要的协助。

第七十四条　危险化学品事故造成环境污染的，由设区的市级以上人民政府环境保护主管部门统一发布有关信息。

第七章　法律责任

第七十五条　生产、经营、使用国家禁止生产、经营、使用的危险化学品的，由安全生产监督管理部门责令停止生产、经营、使用活动，处20万元以上50万元以下的罚款，有违法所得的，没收违法所得；构成犯罪的，依法追究刑事责任。

有前款规定行为的，安全生产监督管理部门还应当责令其对所生产、经营、使用的危险化学品进行无害化处理。

违反国家关于危险化学品使用的限制性规定使用危险化学品的，依照本条第一款的规定处理。

第七十六条　未经安全条件审查，新建、改建、扩建生产、储存危险化学品的建设项目的，由安全生产监督管理部门责令停止建设，限期改正；逾期不改正的，处50万元以上100万元以下的罚款；构成犯罪的，依法追究刑事责任。

未经安全条件审查，新建、改建、扩建储存、装卸危险化学品的港口建设项目的，由港口行政管理部门依照前款规定予以处罚。

第七十七条　未依法取得危险化学品安全生产许可证从事危险化学品生产，或者未依法取得工业产品生产许可证从事危险化学品及其包装物、容器生产的，分别依照《安全生产许可证条例》、《中华人民共和国工业产品生产许可证管理条例》的规定处罚。

违反本条例规定，化工企业未取得危险化学品安全使用许可证，使用危险化学品从事生产的，由安全生产监督管理部门责令限期改正，处10万元以上20万元以下的罚款；逾期不改正的，责令停产整顿。

违反本条例规定，未取得危险化学品经营许可证从事危险化学品经营的，由安全生产监督管理部门责令停止经营活动，没收违法经营的危险化学品以及违法所得，并处10万元以上20万元以下的罚款；构成犯罪的，依法追究刑事责任。

第七十八条　有下列情形之一的，由安全生产监督管理部门责令改正，可以处5万元以下的罚款；拒不改正的，处5万元以上10万元以下的罚款；情节严重的，责令停产停业整顿：

（一）生产、储存危险化学品的单位未对其铺设的危险化学品管道设置明显的标志，或者未对危险化学品管道定期检查、检测的；

（二）进行可能危及危险化学品管道安全的施工作业，施工单位未按照规定书面通知管道所属单位，或者未与管道所属单位共同制定应急预案、采取相应的安全防护措施，或者管道所属单位未指派专门人员到现场进行管道安全保护指导的；

（三）危险化学品生产企业未提供化学品安全技术说明书，或者未在包装（包括外包装件）上粘贴、拴挂化学品安全标签的；

（四）危险化学品生产企业提供的化学品安全技术说明书与其生产的危险化学

品不相符，或者在包装(包括外包装件)粘贴、拴挂的化学品安全标签与包装内危险化学品不相符，或者化学品安全技术说明书、化学品安全标签所载明的内容不符合国家标准要求的；

(五) 危险化学品生产企业发现其生产的危险化学品有新的危险特性不立即公告，或者不及时修订其化学品安全技术说明书和化学品安全标签的；

(六) 危险化学品经营企业经营没有化学品安全技术说明书和化学品安全标签的危险化学品的；

(七) 危险化学品包装物、容器的材质以及包装的型式、规格、方法和单件质量(重量)与所包装的危险化学品的性质和用途不相适应的；

(八) 生产、储存危险化学品的单位未在作业场所和安全设施、设备上设置明显的安全警示标志，或者未在作业场所设置通信、报警装置的；

(九) 危险化学品专用仓库未设专人负责管理，或者对储存的剧毒化学品以及储存数量构成重大危险源的其他危险化学品未实行双人收发、双人保管制度的；

(十) 储存危险化学品的单位未建立危险化学品出入库核查、登记制度的；

(十一) 危险化学品专用仓库未设置明显标志的；

(十二) 危险化学品生产企业、进口企业不办理危险化学品登记，或者发现其生产、进口的危险化学品有新的危险特性不办理危险化学品登记内容变更手续的。

从事危险化学品仓储经营的港口经营人有前款规定情形的，由港口行政管理部门依照前款规定予以处罚。储存剧毒化学品、易制爆危险化学品的专用仓库未按照国家有关规定设置相应的技术防范设施的，由公安机关依照前款规定予以处罚。

生产、储存剧毒化学品、易制爆危险化学品的单位未设置治安保卫机构、配备专职治安保卫人员的，依照《企业事业单位内部治安保卫条例》的规定处罚。

第七十九条　危险化学品包装物、容器生产企业销售未经检验或者经检验不合格的危险化学品包装物、容器的，由质量监督检验检疫部门责令改正，处 10 万元以上 20 万元以下的罚款，有违法所得的，没收违法所得；拒不改正的，责令停产停业整顿；构成犯罪的，依法追究刑事责任。

将未经检验合格的运输危险化学品的船舶及其配载的容器投入使用的，由海事管理机构依照前款规定予以处罚。

第八十条　生产、储存、使用危险化学品的单位有下列情形之一的，由安全生产监督管理部门责令改正，处 5 万元以上 10 万元以下的罚款；拒不改正的，责令停产停业整顿直至由原发证机关吊销其相关许可证件，并由工商行政管理部门责令其办理经营范围变更登记或者吊销其营业执照；有关责任人员构成犯罪的，依法追究刑事责任：

(一) 对重复使用的危险化学品包装物、容器，在重复使用前不进行检查的；

(二) 未根据其生产、储存的危险化学品的种类和危险特性，在作业场所设置相关安全设施、设备，或者未按照国家标准、行业标准或者国家有关规定对安全设施、设备进行经常性维护、保养的；

（三）未依照本条例规定对其安全生产条件定期进行安全评价的；

（四）未将危险化学品储存在专用仓库内，或者未将剧毒化学品以及储存数量构成重大危险源的其他危险化学品在专用仓库内单独存放的；

（五）危险化学品的储存方式、方法或者储存数量不符合国家标准或者国家有关规定的；

（六）危险化学品专用仓库不符合国家标准、行业标准的要求的；

（七）未对危险化学品专用仓库的安全设施、设备定期进行检测、检验的。

从事危险化学品仓储经营的港口经营人有前款规定情形的，由港口行政管理部门依照前款规定予以处罚。

第八十一条　有下列情形之一的，由公安机关责令改正，可以处 1 万元以下的罚款；拒不改正的，处 1 万元以上 5 万元以下的罚款：

（一）生产、储存、使用剧毒化学品、易制爆危险化学品的单位不如实记录生产、储存、使用的剧毒化学品、易制爆危险化学品的数量、流向的；

（二）生产、储存、使用剧毒化学品、易制爆危险化学品的单位发现剧毒化学品、易制爆危险化学品丢失或者被盗，不立即向公安机关报告的；

（三）储存剧毒化学品的单位未将剧毒化学品的储存数量、储存地点以及管理人员的情况报所在地县级人民政府公安机关备案的；

（四）危险化学品生产企业，经营企业不如实记录剧毒化学品、易制爆危险化学品购买单位的名称、地址、经办人的姓名、身份证号码以及所购买的剧毒化学品、易制爆危险化学品的品种、数量、用途，或者保存销售记录和相关材料的时间少于 1 年的；

（五）剧毒化学品、易制爆危险化学品的销售企业、购买单位未在规定的时限内将所销售、购买的剧毒化学品、易制爆危险化学品的品种、数量以及流向信息报所在地县级人民政府公安机关备案的；

（六）使用剧毒化学品、易制爆危险化学品的单位依照本条例规定转让其购买的剧毒化学品、易制爆危险化学品，未将有关情况向所在地县级人民政府公安机关报告的。

生产、储存危险化学品的企业或者使用危险化学品从事生产的企业未按照本条例规定将安全评价报告以及整改方案的落实情况报安全生产监督管理部门或者港口行政管理部门备案，或者储存危险化学品的单位未将其剧毒化学品以及储存数量构成重大危险源的其他危险化学品的储存数量、储存地点以及管理人员的情况报安全生产监督管理部门或者港口行政管理部门备案的，分别由安全生产监督管理部门或者港口行政管理部门依照前款规定予以处罚。

生产实施重点环境管理的危险化学品的企业或者使用实施重点环境管理的危险化学品从事生产的企业未按照规定将相关信息向环境保护主管部门报告的，由环境保护主管部门依照本条第一款的规定予以处罚。

第八十二条　生产、储存、使用危险化学品的单位转产、停产、停业或者解散，未采取有效措施及时、妥善处置其危险化学品生产装置、储存设施以及库存的危险化学品，或者丢弃危险化学品的，由安全生产监督管理部门责令改正，处5万元以上10万元以下的罚款；构成犯罪的，依法追究刑事责任。

生产、储存、使用危险化学品的单位转产、停产、停业或者解散，未依照本条例规定将其危险化学品生产装置、储存设施以及库存危险化学品的处置方案报有关部门备案的，分别由有关部门责令改正，可以处1万元以下的罚款；拒不改正的，处1万元以上5万元以下的罚款。

第八十三条　危险化学品经营企业向未经许可违法从事危险化学品生产、经营活动的企业采购危险化学品的，由工商行政管理部门责令改正，处10万元以上20万元以下的罚款；拒不改正的，责令停业整顿直至由原发证机关吊销其危险化学品经营许可证，并由工商行政管理部门责令其办理经营范围变更登记或者吊销其营业执照。

第八十四条　危险化学品生产企业、经营企业有下列情形之一的，由安全生产监督管理部门责令改正，没收违法所得，并处10万元以上20万元以下的罚款；拒不改正的，责令停产停业整顿直至吊销其危险化学品安全生产许可证、危险化学品经营许可证，并由工商行政管理部门责令其办理经营范围变更登记或者吊销其营业执照：

（一）向不具有本条例第三十八条第一款、第二款规定的相关许可证件或者证明文件的单位销售剧毒化学品、易制爆危险化学品的；

（二）不按照剧毒化学品购买许可证载明的品种、数量销售剧毒化学品的；

（三）向个人销售剧毒化学品（属于剧毒化学品的农药除外）、易制爆危险化学品的。

不具有本条例第三十八条第一款、第二款规定的相关许可证件或者证明文件的单位购买剧毒化学品、易制爆危险化学品，或者个人购买剧毒化学品（属于剧毒化学品的农药除外）、易制爆危险化学品的，由公安机关没收所购买的剧毒化学品、易制爆危险化学品，可以并处5 000元以下的罚款。

使用剧毒化学品、易制爆危险化学品的单位出借或者向不具有本条例第三十八条第一款、第二款规定的相关许可证件的单位转让其购买的剧毒化学品、易制爆危险化学品，或者向个人转让其购买的剧毒化学品（属于剧毒化学品的农药除外）、易制爆危险化学品的，由公安机关责令改正，处10万元以上20万元以下的罚款；拒不改正的，责令停产停业整顿。

第八十五条　未依法取得危险货物道路运输许可、危险货物水路运输许可，从事危险化学品道路运输、水路运输的，分别依照有关道路运输、水路运输的法律、行政法规的规定处罚。

第八十六条　有下列情形之一的，由交通运输主管部门责令改正，处5万元以上10万元以下的罚款；拒不改正的，责令停产停业整顿；构成犯罪的，依法追究刑事责任：

（一）危险化学品道路运输企业、水路运输企业的驾驶人员、船员、装卸管理人员、押运人员、申报人员、集装箱装箱现场检查员未取得从业资格上岗作业的；

（二）运输危险化学品，未根据危险化学品的危险特性采取相应的安全防护措施，或者未配备必要的防护用品和应急救援器材的；

（三）使用未依法取得危险货物适装证书的船舶，通过内河运输危险化学品的；

（四）通过内河运输危险化学品的承运人违反国务院交通运输主管部门对单船运输的危险化学品数量的限制性规定运输危险化学品的；

（五）用于危险化学品运输作业的内河码头、泊位不符合国家有关安全规范，或者未与饮用水取水口保持国家规定的安全距离，或者未经交通运输主管部门验收合格投入使用的；

（六）托运人不向承运人说明所托运的危险化学品的种类、数量、危险特性以及发生危险情况的应急处置措施，或者未按照国家有关规定对所托运的危险化学品妥善包装并在外包装上设置相应标志的；

（七）运输危险化学品需要添加抑制剂或者稳定剂，托运人未添加或者未将有关情况告知承运人的。

第八十七条　有下列情形之一的，由交通运输主管部门责令改正，处 10 万元以上 20 万元以下的罚款，有违法所得的，没收违法所得；拒不改正的，责令停产停业整顿；构成犯罪的，依法追究刑事责任：

（一）委托未依法取得危险货物道路运输许可、危险货物水路运输许可的企业承运危险化学品的；

（二）通过内河封闭水域运输剧毒化学品以及国家规定禁止通过内河运输的其他危险化学品的；

（三）通过内河运输国家规定禁止通过内河运输的剧毒化学品以及其他危险化学品的；

（四）在托运的普通货物中夹带危险化学品，或者将危险化学品谎报或者匿报为普通货物托运的。

在邮件、快件内夹带危险化学品，或者将危险化学品谎报为普通物品交寄的，依法给予治安管理处罚；构成犯罪的，依法追究刑事责任。

邮政企业、快递企业收寄危险化学品的，依照《中华人民共和国邮政法》的规定处罚。

第八十八条　有下列情形之一的，由公安机关责令改正，处 5 万元以上 10 万元以下的罚款；构成违反治安管理行为的，依法给予治安管理处罚；构成犯罪的，依法追究刑事责任：

（一）超过运输车辆的核定载质量装载危险化学品的；

（二）使用安全技术条件不符合国家标准要求的车辆运输危险化学品的；

（三）运输危险化学品的车辆未经公安机关批准进入危险化学品运输车辆限制通行的区域的；

（四）未取得剧毒化学品道路运输通行证，通过道路运输剧毒化学品的。

第八十九条　有下列情形之一的，由公安机关责令改正，处 1 万元以上 5 万元以下的罚款；构成违反治安管理行为的，依法给予治安管理处罚：

（一）危险化学品运输车辆未悬挂或者喷涂警示标志，或者悬挂或者喷涂的警示标志不符合国家标准要求的；

（二）通过道路运输危险化学品，不配备押运人员的；

（三）运输剧毒化学品或者易制爆危险化学品途中需要较长时间停车，驾驶人员、押运人员不向当地公安机关报告的；

（四）剧毒化学品、易制爆危险化学品在道路运输途中丢失、被盗、被抢或者发生流散、泄露等情况，驾驶人员、押运人员不采取必要的警示措施和安全措施，或者不向当地公安机关报告的。

第九十条　对发生交通事故负有全部责任或者主要责任的危险化学品道路运输企业，由公安机关责令消除安全隐患，未消除安全隐患的危险化学品运输车辆，禁止上道路行驶。

第九十一条　有下列情形之一的，由交通运输主管部门责令改正，可以处 1 万元以下的罚款；拒不改正的，处 1 万元以上 5 万元以下的罚款：

（一）危险化学品道路运输企业、水路运输企业未配备专职安全管理人员的；

（二）用于危险化学品运输作业的内河码头、泊位的管理单位未制定码头、泊位危险化学品事故应急救援预案，或者未为码头、泊位配备充足、有效的应急救援器材和设备的。

第九十二条　有下列情形之一的，依照《中华人民共和国内河交通安全管理条例》的规定处罚：

（一）通过内河运输危险化学品的水路运输企业未制定运输船舶危险化学品事故应急救援预案，或者未为运输船舶配备充足、有效的应急救援器材和设备的；

（二）通过内河运输危险化学品的船舶的所有人或者经营人未取得船舶污染损害责任保险证书或者财务担保证明的；

（三）船舶载运危险化学品进出内河港口，未将有关事项事先报告海事管理机构并经其同意的；

（四）载运危险化学品的船舶在内河航行、装卸或者停泊，未悬挂专用的警示标志，或者未按照规定显示专用信号，或者未按照规定申请引航的。未向港口行政管理部门报告并经其同意，在港口内进行危险化学品的装卸、过驳作业的，依照《中华人民共和国港口法》的规定处罚。

第九十三条　伪造、变造或者出租、出借、转让危险化学品安全生产许可证、工业产品生产许可证，或者使用伪造、变造的危险化学品安全生产许可证、工业产品生产许可证的，分别依照《安全生产许可证条例》、《中华人民共和国工业产品生产许可证管理条例》的规定处罚。

伪造、变造或者出租、出借、转让本条例规定的其他许可证，或者使用伪造、变造的本条例规定的其他许可证的，分别由相关许可证的颁发管理机关处 10 万元以上 20 万元以下的罚款，有违法所得的，没收违法所得；构成违反治安管理行为的，依法给予治安管理处罚；构成犯罪的，依法追究刑事责任。

第九十四条　危险化学品单位发生危险化学品事故，其主要负责人不立即组织

救援或者不立即向有关部门报告的，依照《生产安全事故报告和调查处理条例》的规定处罚。

危险化学品单位发生危险化学品事故，造成他人人身伤害或者财产损失的，依法承担赔偿责任。

第九十五条　发生危险化学品事故，有关地方人民政府及其有关部门不立即组织实施救援，或者不采取必要的应急处置措施减少事故损失，防止事故蔓延、扩大的，对直接负责的主管人员和其他直接责任人员依法给予处分；构成犯罪的，依法追究刑事责任。

第九十六条　负有危险化学品安全监督管理职责的部门的工作人员，在危险化学品安全监督管理工作中滥用职权、玩忽职守、徇私舞弊，构成犯罪的，依法追究刑事责任；尚不构成犯罪的，依法给予处分。

第八章　附　则

第九十七条　监控化学品、属于危险化学品的药品和农药的安全管理，依照本条例的规定执行；法律、行政法规另有规定的，依照其规定。

民用爆炸物品、烟花爆竹、放射性物品、核能物质以及用于国防科研生产的危险化学品的安全管理，不适用本条例。

法律、行政法规对燃气的安全管理另有规定的，依照其规定。

危险化学品容器属于特种设备的，其安全管理依照有关特种设备安全的法律、行政法规的规定执行。

第九十八条　危险化学品的进出口管理，依照有关对外贸易的法律、行政法规、规章的规定执行；进口的危险化学品的储存、使用、经营、运输的安全管理，依照本条例的规定执行。

危险化学品环境管理登记和新化学物质环境管理登记，依照有关环境保护的法律、行政法规、规章的规定执行。危险化学品环境管理登记，按照国家有关规定收取费用。

第九十九条　公众发现、捡拾的无主危险化学品，由公安机关接收。公安机关接收或者有关部门依法没收的危险化学品，需要进行无害化处理的，交由环境保护主管部门组织其认定的专业单位进行处理，或者交由有关危险化学品生产企业进行处理。处理所需费用由国家财政负担。

第一百条　化学品的危险特性尚未确定的，由国务院安全生产监督管理部门、国务院环境保护主管部门、国务院卫生主管部门分别负责组织对该化学品的物理危险性、环境危害性、毒理特性进行鉴定。根据鉴定结果，需要调整危险化学品目录的，依照本条例第三条第二款的规定办理。

第一百零一条　本条例施行前已经使用危险化学品从事生产的化工企业，依照本条例规定需要取得危险化学品安全使用许可证的，应当在国务院安全生产监督管理部门规定的期限内，申请取得危险化学品安全使用许可证。

第一百零二条　本条例自 2011 年 12 月 1 日起施行。

参考书目

1. 张荣. 危险化学品安全技术. 北京:化学工业出版社,2005.

2. 交通部公路司. 道路危险货物运输从业人员培训教材. 北京:人民交通出版社,2005.

3. 公安部政治部. 危险物品储运防火. 北京:警官教育出版社,1998.

4. 公安部消防局. 易燃爆化学物品安全操作与管理. 北京:新华出版社,1999.

5. 杨大伟. 危险化学品安全便携手册. 北京:机械工业出版社,2006.

6. 郑端文. 危险品防火. 北京:化学工业出版社,2003.

7. 郭铁男. 中国消防手册　危险化学品·特殊毒剂·粉尘(第七卷). 上海:上海科学技术出版社,2006.

8. 王凯全. 危险化学品运输与储存. 北京:化学工业出版社,2017.

9. 蔡凤英. 危险化学品安全. 北京:中国石化出版社,2017.

10. 胡忆沩,陈庆等编. 危险化学品安全实用技术手册. 北京:化学工业出版社,2018.